석공사 입문

석공사 입문

최 준 오 저

머리말

과거 건축물에 석재를 사용할 경우 부의 상징으로 여기던 시절이 있었다. 그러나 건축물이 고급화되고 미적으로나 기능적으로 또 친환경 요소로 차별화 되면서 석재 사용도 많이 늘어 건축의 내·외장재로 널리 보급되었다.

특히 시공법의 다양화는 석재 사용에 큰 견인차 역할을 했다.

과거 1년여 석공사업체에 근무한 경험이 인연이 되어 지금껏 석공사업과 연을 맺고 있다.

이러한 연고로 매년 제자들이 석공사업으로 꾸준히 진출함으로서 이들을 교육할 만한 교재의 필요성을 느낀바 오래되었지만 이제야 미약하나마 책으로 펴게 되었다.

구약 출애굽 시절 하나님께서 모세에게 십계명을 줄때 돌판에 새긴바 있다. 이는 돌이 견고하고 변치 않는 그리고 강직함을 보이는 단면이라 볼 수 있다.

그만큼 석재는 인류가 건축을 시작할 때부터 아니 그 이전 구석기시대부터 인간과 가장 밀접한 재료인 것이다.

부디 돌을 다루는 많은 분들이 자부심을 갖고 현업에 임하기를 기원하며 부족한 이 책이 사회 처음 발을 딛는 초급기술자들에게는 물론 대학 및 실무에서도 도움이 되기를 바란다.

끝으로 어려운 경제 상황 속에서도 본서가 나올 수 있도록 해주신 도서출판 서우 사장님과 직원분들께 감사드리며, 평소 본인과 저희 신안산대학교에 많은 관심과 지원을 해주시는 ㈜신아석재 구본명, 하지용 회장님과 여러 가지 자료를 헌신적으로 제공해주신 (주)신아석재 민병태 사장님과 제자 이경무 과장에게도 감사드린다. 아울러 취업준비로 바쁜 가운데도 원고정리를 도와준 제자 '김은혜'에게도 지면을 통해 감사를 표한다.

또 무엇보다도 또 하나의 저서를 낼 수 있게 인도하신 하나님께 감사드립니다.

"집 지은 자가 그 집보다 더욱 존귀함 같으니라" 〈히브리서 3장3절〉

일산 고봉산 밑 새 삶터에서
최 준 오(건축학박사, 명예철학박사)

차례

┃머리말 5

01
석공사의 중요성 15

02
석공사 FLOW CHART 17

03
석재 일반 사항 19
3.1 개요 19
3.2 석재용 암석 분류 20
    3.2.1 성인(成因)에 따른 분류 20
    3.2.2 물리적 성질에 의한 분류 21
3.3 국내 석재 분포 지역별 암석의 특징 22
3.4 석재의 일반 성질 25
    3.4.1 물리적 성질 25

3.4.2 화학적 성질 28
3.4.3 내구성 29
3.4.4 내화성 29
3.5 암석의 구조와 조성 30
3.5.1 구조 30
3.5.2 조성 32
3.6 채석방법 33
3.6.1 Block Cutter에 의한 채석 33
3.6.2 Chain Cutter에 의한 채석 34
3.6.3 Diamond Wire에 의한 채석 34
3.6.4 Helicoidal Wire에 의한 채석 35
3.6.5 Zet Burner에 의한 채석 35
3.6.6 초고압수(Water Zet)에 의한 채석 35
3.7 원석의 가공 36
3.7.1 가공의 종류 36
3.7.2 석재 제품 가공 순서 및 사용장비 36
3.7.3 표면 가공 37
3.7.4 먹메김과 절단 39
3.7.5 특수 형태 부재의 가공 39
3.7.6 구멍뚫기 39
3.7.7 검사 40
3.7.8 포장 및 출하 40
3.8 건축용 석재로서의 필요사항 40
3.8.1 석재의 선택 요건 40
3.8.2 석재의 품질 41
3.8.3 암석 및 광물의 색상별 분류 42
3.8.4 모양 및 치수 KS F 2530 43
3.8.5 압축강도에 따른 경석, 준경석, 연석의 구분 45
3.8.6 원석의 용도별 선택 작업 45
3.9 건축 석재의 특성 47
3.9.1 화강석(Granites) 47
3.9.2 대리석(Marbles) 47
3.9.3 사암(Sandstone) 47
3.9.4 라임스톤(Limestione) 47
3.9.5 슬레이트(Slate) 48

3.9.6 인조석(Artificial Stone) 48
3.10 석재 유지 관리 48
3.10.1 석재의 변색 48
3.10.2 석재의 전문 보호재(Hydrex) 49
3.10.3 석재의 전문왁스(Care Fuild Wax) 49
3.10.4 석재의 청소 50
3.11 화강암과 대리석의 특성 비교 51
3.12 인조석, 인조대리석, 착색기술 51
3.12.1 인조석, 인조대리석 51
3.12.2 인조대리석의 제조방법 52
3.12.3 착색기술 52
3.13 석재 마감공법 53
3.13.1 석재 마감공법의 종류 53
3.13.2 석재 마감공법의 비교(습식과 건식 공법) 57
3.13.3 석재 표면 가공처리 58
3.14 국내산 주요 화강암 59
3.15 국내산 주요 대리석 61
3.16 외국산 주요 화강암 61
3.17 외국산 주요 대리석 62
3.18 석재 제조과정 63

04
석공사 각종 공법 65

4.1 공법의 분류 65
4.2 습식공법 66
4.2.1 바닥 습식공법 66
4.2.2 벽체 습식공법 67
4.3 반건식 공법 68
4.4 바닥 건식공법 69
4.4.1 일반사항 69
4.4.2 파이프 바닥 건식 공법 69
4.4.3 앙카(Anchor) 바닥 건식 공법 70
4.4.4 패디스탈(Pedestal) 바닥 건식 공법 70

4.5 벽체 건식 공법 71
    4.5.1 일반사항 71
    4.5.2 옹벽 앙카 긴결 공법 71
    4.5.3 트러스 앙카 긴결 공법(강재 트러스 공법) 73

4.6 유니트(UNIT SYSTEM) 공법 74
    4.6.1 일반사항 74
    4.6.2 AL. EXTRUSION SYSTEM 77
    4.6.3 기타 공법(SYSTEM) 78

4.7 유니트공법(UNIT SYSTEM)과 스틱공법(STICK SYSTEM)의 비교 78

4.8 오픈 조인트(Open joint)공법 79
    4.8.1 일반사항 79
    4.8.2 오픈 조인트(Open joint)용 연결철물 80
    4.8.3 오픈 조인트(Open joint)용 앙카구멍뚫기 83
    4.8.4 콘크리트 옹벽의 오픈 조인트(Open joint) 주요구성요소 85
    4.8.5 Back frame의 오픈조인트(Open joint) 주요구성요소 88
    4.8.6 오픈 조인트(Open joint) 주요 체크 사항 90
    4.8.7 오픈 조인트(Open joint) 주의사항 91

4.9 석재 건식용 연결철물 93
    4.9.1 앙카(Anchor)의 일반사항 93
    4.9.2 스텐레스 스틸의 성분 및 특성 94
    4.9.3 앙카(Anchor)의 종류 95
    4.9.4 연결 철물의 구조계산에 의한 사용규격 표 101
    4.9.5 연결철물 시공시 주의사항 102

4.10 석재의 줄눈 104
    4.10.1 몰탈 줄눈 104
    4.10.2 실란트 줄눈 104

4.11 석재용 접착제 에폭시(Epoxy) 111
    4.11.1 에폭시 개요 111
    4.11.2 에폭시 특성 111
    4.11.3 에폭시 사용시 주의사항 112

05
석재 관련 신기술 113

5.1 건식석재공사용고정톱니앵글제작기술 113

5.2 완충장치(Shoe case)를 이용한 건식석재설치공법 114
5.3 그립형철물을 이용한 외벽석재오픈조인트공법 115
5.4 회전원심식블라스팅(Blasting)을 이용한 석재(화강석)고운다듬공법 115
5.5 원추형 와셔로 구성된 긴결볼트와 완충장치를 사용한 수직면 석재판 건식 설치공법 116
5.6 2단식 스프링 앵커와 처짐방지 및 위치고정용 앵글을 이용한 석재 또는 타일 패널 제작 공법 117

06
석공사용 가설 장비 119
6.1 수동식 곤도라(Gondola) 119
6.2 Work Platform 120

07
Shop drawing 및 가공 상세도 예 121

08
석재 견적 129
8.1 적산과 견적의 정의 129
    8.1.1 적산 129
    8.1.2 견적 129
8.2 적산 일반 130
    8.2.1 적산기준 130
    8.2.2 수량산출방법 130
    8.2.3 주의사항 132
    8.2.4 적산자료 132
8.3 석공사 적산연습 136

09
자재 발주 예 141

10
석공사 시공계획서와 작성 기준 145

10.1 시공계획서 작성 의 145
10.2 구체적 작성 기준 항목(예) 146
10.3 시공계획서 실례(아파트 현장) 149

11
시공관리 171

11.1 시공계획 171
11.2 시공관리 172

12
석공사 안전관리 177

12.1 석공사 재해사례 177
    12.1.1 재해사례와 위험 요소 177
    12.1.2 석공사 공정 178
12.2 석공사 안전관리 체크포인트 178

13
석공사 품질관리 181

13.1 검사 및 시험 181
13.2 주요하자 발생요인 181
    13.2.1 석재의 변색 182
    13.2.2 백화현상 183
    13.2.3 균열 183
    13.2.4 들뜸, 박락 184
    13.2.5 보수공사 184

14
석공사 관리·기술자(Engineer/Specialist)로서 갖추어야할 소양 187

14.1 시공계획 187
- 14.1.1 관련 지식 188
- 14.1.2 기술력 189
- 14.1.3 자세 189
- 14.1.4 작업시 고려사항 189
- 14.1.5 자료 및 관련 서류 190
- 14.1.6 장비, 도구(재료 포함) 190

14.2 석재가공 190
- 14.2.1 관련 지식 191
- 14.2.2 기술력 192
- 14.2.3 자세 192
- 14.2.4 작업시 고려사항 192
- 14.2.5 자료 및 관련 서류 192
- 14.2.6 장비, 도구(재료 포함) 193

14.3 시공 준비 193
- 14.3.1 관련 지식 194
- 14.3.2 기술력 194
- 14.3.3 자세 194
- 14.3.4 작업시 고려사항 194
- 14.3.5 자료 및 관련 서류 195
- 14.3.6 장비, 도구(재료 포함) 195

14.4 석재 시공 195
- 14.4.1 관련 지식 197
- 14.4.2 기술력 197
- 14.4.3 자세 198
- 14.4.4 자료 및 관련 서류 198
- 14.4.5 장비, 도구(재료 포함) 198

14.5 검사 199
- 14.5.1 관련 지식 200
- 14.5.2 기술력 200
- 14.5.3 자세 200
- 14.5.4 자료 및 관련 서류 200

14 석공사 입문

   14.5.5 장비, 도구(재료 포함)　201
 14.6 보양　201
   14.6.1 관련 지식　202
   14.6.2 기술력　202
   14.6.3 자세　202
   14.6.4 자료 및 관련 서류　202
   14.6.5 장비, 도구(재료 포함)　203

부록　205

- **석공사 관련 논문**　205
- **석공사 표준시방서, 2013**　218
  08015 화강석 공사　232
  08020 대리석 공사　235
  08025 테라조(terrazzo) 공사　238
  08030 기타 통석 공사　241
  08035 건식 석재공사　243
  08040 석재 쌓기공사　246
  08045 석축공사　249
  08050 인조대리석 공사　252
  08055 물다듬 무늬석 공사　259
  08060 앤틱(antique) 대리석 공사　261

- **석재관련 한국산업규격(KSF 2530-2000)**　263
  석재의 흡수율 및 비중 시험 방법　270
  석재의 압축 강도 시험 방법　274
  각 품목별 기본규격　279
  석재블록 (자연석 경계석) 규격서　283

┃참고문헌　291

01
석공사의 중요성

석재는 외장재, 내장재로서 내구성, 내마모성, 압축강도가 크고 또한 친환경 천연재로 산지가 다양한 만큼 다양한 색조와 장중하고 고급스러워 여러 용도의 건축물 마감으로 선호하는 재료이다.

장중하고 고급스러움으로 일부 건축물의 매매시 유리한 조건으로 매매되기도 한다.

외벽이 석공사인 경우 최종 마감임으로 항상 공기에 쫓기게 됨으로 철저한 자재 발주와 시공관리, 공정관리가 필요하다.

그러나 석재는 다른 자재에 비해 단위당 중량이 무거우며 다른 공종에 비해 최종 마감임으로 늘 공기에 쫓겨 안전사고의 위험이 높다.

외벽재로서 시공법도 다양해지고 있지만 석재 건식공법의 가장 초기 공법인 앙카긴결공법은 아직도 중규모 건축물에서는 많이 사용하고 있다.

그러나 공기단축과 예산절감을 위해서는 석재가공 방법의 신기술 방법과 다양한 공법들이 개발되어져야 한다.

특히 초고층 건축시 다른 외장재로 대체되는 경우가 많아짐을 고려할 때 신기술 개발이 늘어야 할 처지에 있다.

02
석공사 FLOW CHART

    일부 사람들은 석공사업체는 원석 채취, 석재 가공 및 석재시공을 다 하는 줄 알고 있는 경우가 있으나 석공사업이란 석재 시공을 전문으로 하는 건설업면허 중 전문건설업에 속하는 업종이다.
    일부 석공사업체에는 가공공장이나 석산을 소유한 업체도 있지만 대부분의 경우는 시공만을 전문으로 한다. 따라서 원석, 가공의 정확성 까지도 시공을 담당하는 석공사업체가 책임을 지게 되며 시공단가에 큰 영향을 미친다.
    다음 석공사 FLOW CHART는 건축물에 시공되기까지의 흐름도로를 표현한 것으로 한과정, 한과정이 예산과 품질에 큰 영향을 미치게 됨을 알 수 있다.
    특히 석재단가가 워낙 고가임을 고려할 때 현장에서의 시공 부실이나 취급 부주의, 상세도 잘못 작성, 발주 부주의, 불합리한 석종 선택 등 많은 경우가 위험 요소로 잠재하고 있다.
    이러한 부주의로 약 $20m^2$ 만 버리게 된다 하더라도 직원 한달 정도의 월급을 손해 보게 된다.
    다음 석공사 FLOW CHART가 현장여건에 따라 다를 경우도 있겠지만 일반적인 경우로 표현한 것으로 이해하면 된다.

18 석공사 입문

석공사 FLOW CHART

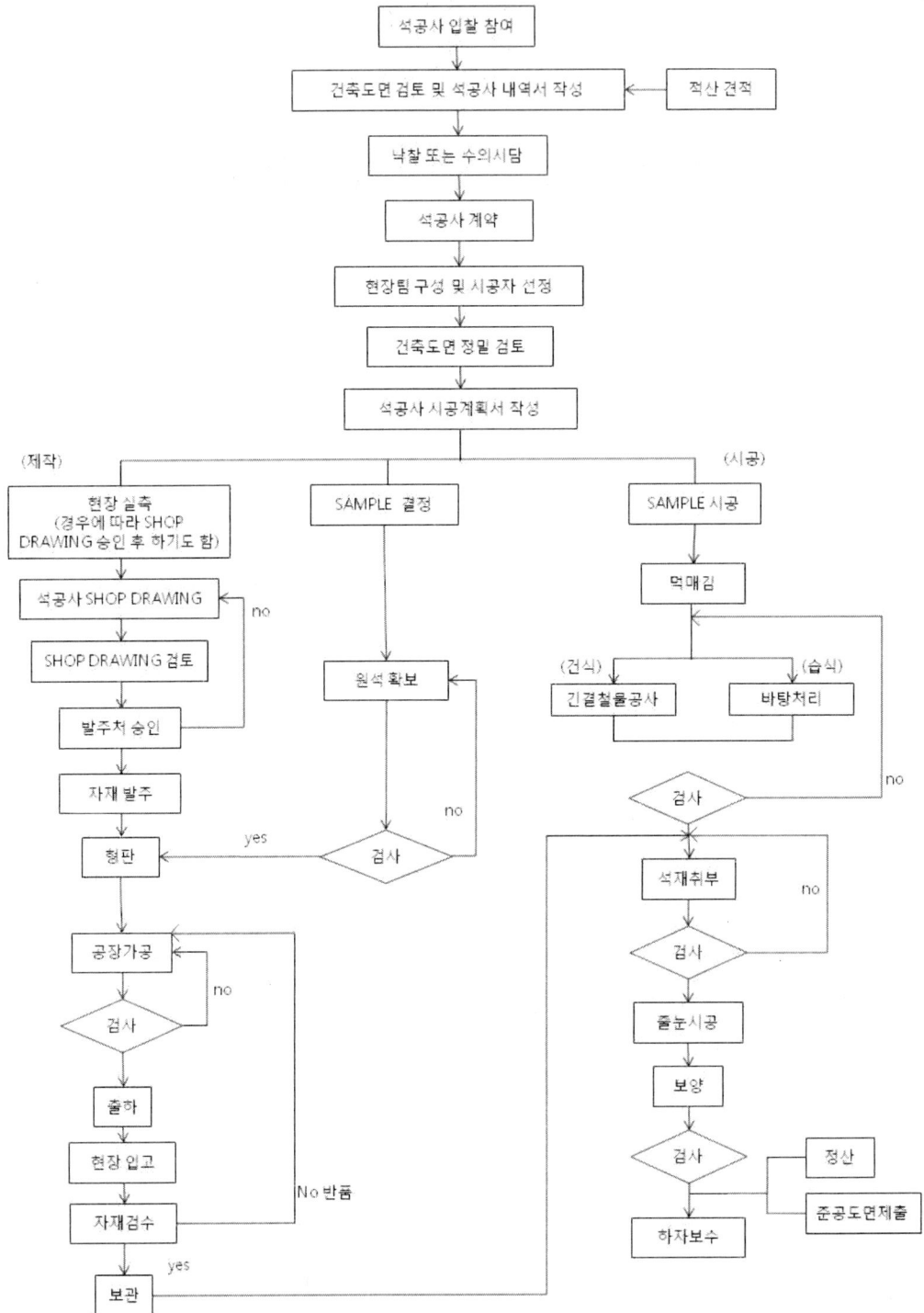

03
석재 일반 사항

3.1 개요

건축용 석재로는 화강암, 대리석, 사암 등이 있으며, 이것들은 한 종류 이상의 광물이나 유기물이 자연적으로 모여 덩어리 또는 결정체를 형성하여 각 광물들은 일정한 화학성분과 무수한 원자구조를 갖고 있다. 일반적으로 화강암은 기둥, 바닥 및 내·외장재로 쓰이고, 대리석은 외부용으로는 적합하지 않으며 주로 실내장식용 마감재로 많이 쓰인다.

사암은 구조용 및 장식용으로 사용된다.

〈표 3.1〉 석재의 장단점(石材의 長短點)

장 점	① 강도가 크다. ② 풍화가 적고 내구성이 좋다. ③ 매장량이 풍부하여 구입이 쉽다. ④ 불연성 재료이다. ⑤ 외관이 장엄하므로 건물의 내장재와 구조재 등의 용도가 다양하다.
단 점	① 가공이 어렵다. ② 비중이 커서 운반 및 시공이 불편하다. ③ 전단강도에 대한 저항이 부족하다. ④ 석재의 종류에 따라 내화성이 약하다.

석재는 다른 건축재료에 비해 중량이 무거워 운반비가 비교적 많이 든다. 따라서 석재를 선택할 때는 석재의 성질, 강도, 외관 및 생산량은 물론 생산지로부터의 수송관계를 검토해야 한다.

3.2 석재용 암석 분류

암석은 암석의 조직, 화학적 성질 등과 사용처, 물리적 성질 등에 의해 여러 가지 방법으로 분류할 수 있다. 석재용 암석은 암석학적 분류에 따르나 석재용으로는 사용되는 암석이 매우 많지 않으므로 편의상 암종별이나 강도, 풍화 정도 등을 기초로 분류·사용한다.

KS규격에서 분류한 내용은 외국의 규격을 참고로 제정되었기 때문에 국내 여건과는 다소 차이가 있다. KS 규격에서는 석재용 암석을 ① 암석의 종류 ② 형상 ③ 물리적 성질로 분류한다. 암석의 종류에는 화강암류, 안산암류, 사암류, 점판암류, 응회암류 대리석 및 사문암류가 있으나 국내에서 실제로 이용되는 암석은 화강암류, 사암류, 점판암류, 현무암류, 대리석 및 사문암류 등이다.

형상에 의해 각석, 판석, 견치석, 사고석으로 분류하며 물리적 성질인 압축강도, 흡수율, 겉보기 비중에 따라 경암, 준경암, 연암으로 분류하나, 대부분의 암석이 경암에 속한다.

3.2.1 성인(成因)에 따른 분류

〈표 3.2〉 성인에 따른 분류

성인에 의한 분류		암질에 의한 종별		석 재
화 성 암	심성암	화강암 섬록암		화강암
	화산암	안산암	휘석 안산암 각섬 안산암 운모 안산암 석영 안산암	안산암
		석영조면암		경석

성인에 의한 분류		암질에 의한 종별		석 재
수 성 암	쇄설암	이판암 점판암		점판암
		사암 역암		사암
		응회암	응회암 사질 응회암 청역질 응회암	응회암
	유기암	석회암		석회석
	침적암	석고		

3.2.2 물리적 성질에 의한 분류

1) KS F 2530 석재

〈표 3.3〉 석재별 물리적 성질

종 류	6석 재	압축강도(kg/cm²)	참 고 치		비 고
			흡수율(%)	겉보기비중(g/cm³)	
경석	화강암, 안산암, 대리석	500 이상	5 미만	약 2.7~2.5	* JIS A 5003 (석재)과 동일
준경석	경질사암, 경질 응회암	500 미만~100 이상	5~15	약 2.5~2.0	
연석	연질 응회암, 연질 사암	100 미만	15 이상	약 2.0	

2) ASTM 기준에 의한 암석의 물성기준치

〈표 3.4〉 ASTM 기준에 따른 암석의 물성기준치

구분	암석	흡수율 (최대 %)	비중 (최소 g/cm³)	압축강도 (최소 kg/cm²)	파괴율 (최소 kg/cm²)
화강암		0.4	2.56	1,330	105
대리석	방해석	0.75	2.595	525	70
	백운석		2.80		
	사문석		2.69		
석회암	저밀도	12	1.76	126	28
	중밀도	7.5	2.16	280	35
	고밀도	3	2.56	560	70
사암	보통	20	2.24	140	21
	규질	3	2.40	700	70
	규암	1	2.56	1,400	140

* ASTM American Society For Testing and Materials(미국재료시험협회)

3.3 국내 석재 분포 지역별 암석의 특징

〈표 3.5〉 지역별 암석 특징

산지	석재명(암석명)	압축강도	비중	P파속도	흡수율	비고
경기 포천	운천석(화강암)	1,590	2.60	4,108	0.360	담홍, 중-조립
	일동석(화강암)	1,487	2.60	3.723	0.303	백-유백, 조립
	신북석(화강암)	1,975	2.60	-	0.320	담회-회, 조립
	포천석(화강암)	1,990	2.59	3,440	0.390	담홍, 조립
경기 양주	양주석(화강암)	1,840	2.64	3,830	0.340	짙은 회색, 조립

산 지	석재명(암석명)	압축강도	비중	P파속도	흡수율	비고
경기 강화	강화석(섬록암)	1,780	2.69	4,520	0.250	암회, 중립
	강화석(화강암)	2,950	2.60	4,370	0.350	담회, 중립, 반상
경기 가평	가평석(화강암)	1,900	2.58	3,830	0.310	백, 조립
경기 여주	여주석(화강암)	1,517	2.60	3,370	0.299	회, 중립, 반상
강원 양양	양양석(화강암)	1,260	2.60	4,010	0.400	연회, 중조립
강원 철원	철원석(화강암)	1,140	2.55	5,080	1.770	암회, 세립
강원 영월	영월석(화강암)	2,090	2.69	4,350	0.330	회, 중조립
강원 춘성	춘성석(화강암)	1,520	2.96	4,820	0.180	암회, 중립
강원 명주	명주석(화강암)	1,500	2.62	2,910	0.380	연회, 중세립
강원 평창	평창석(대리석)	1,890	2.83	3,720	0.230	백, 세립
강원 정선	정선석(대리석)	910	2.70	4,650	0.100	연분홍, 세립
강원 춘천	후동석(화강암)	843	3.00	-	0.100	암회, 조립
강원 원주	원주석(화강암)	2,150	2.62	3,890	0.320	회 중조립
	원주석(화강암)	1.319	2.60	3.724	0.401	담회-회, 세-중립
강원 제천	제천석(화강암)	1,748	2.67	3,534	0.231	회, 중립
충북 음성	음성석(화강암)	1,433	2.60	3,724	0.401	회-세, 중립
	음성애석(화강암)	1,881	2.60	3,673	0.207	
충북 제원	제원석(화강암)	1,250	2.83	4,820	0.140	백, 중세립
	백운석(대리석)	1,260	2.83	4,820	0.140	유백, 세립
충북 중원	엄정석(화강암)	1,996	2.67	4,162	0.025	암회, 조립
충북 괴산	괴산석(화강암)	2,023	2.60	-	0.550	핑크, 조립
충북 충주	충주백석(대리석)	2,000	2.82	6,050	0.130	백, 세립
	홍보석(대리석)	980	2.75	4,030	0.140	유백, 세립
충남 논산	채운석(화강암)	1,750	2.67	3,740	0.210	중립
충남 온양	온양석(화강암)	1,870	2.62	3,860	0.220	연분홍, 중립

산 지	석재명(암석명)	압축강도	비중	P파속도	흡수율	비고
충남 아산	아산석(화강암)	2,170	2.64	3,850	0.320	연분홍, 조립
	도고석(섬록암)	2,170	2.96	5,590	0.140	흑, 조립, 구상체
충남 대천	대천석(화강암)	1,940	2.65	4,310	0.271	담회, 중립, 반상
경북 영주	영주석(화강암)	1,722	3.21	5,529	0.090	담회, 중-세립
경북 안동	안동석(화강암)	1,750	2.64	4,300	0.200	담회, 중조립
경북 예천	예천석(화강암)	2,020	2.76	5,600	0.120	암흑, 중립
경북 영풍	영풍석(화강암)	2,020	2.63	4,520	0.290	회백, 조립
경북 칠곡	칠곡석(화강암)	2,150	2.64	5,610	0.210	중립
경북 문경	문경석(화강암)	1,863	2.49	3,045	0.718	담홍-핑크, 조립
경북 상주	상주석(화강암)	2,375	2.67	-	0.240	담홍-핑크, 조립
경북 울진	울진석(화강암)	1,050	2.81	5,610	0.140	백, 세립
경북 칠곡	왜관석(화강암)	2,098	2.65	4,583	0.167	회-중립
경남 거창	거창석(화강암)	1,381	2.59	3,498	0.549	백, 중-조립
경남 함양	마천석(화강암)	1,549	2.80	-	0.150	흑회, 흑, 조립
경남 남해	남해석(화강암)	2,175	2.84	4,845	0.330	회, 암회, 중립
전북 남원	남원석(화강암)	1,638	2.63	3,067	0.350	백, 중립
전북 진안	황등석(화강암)	1,780	2.63	3,620	0.288	회, 조립
	진안석(화강암)	2,070	2.59	3,970	0.316	담홍, 조립
	전원석(대리석)	1,010	2.81	4,900	0.100	백, 세립
전북 무주	무주백석(대리석)	1,060	2.72	4,780	0.148	백, 세립
전북 익산	함열석(화강암)	1,690	2.64	3,980	0.290	회, 조립
	익산석(화강암)	1,510	2.60	3,893	0.337	회, 중-세립
전남 고흥	고흥석(섬록암)	1,870	2.82	4,410	0.256	암회, 중립
전남 곡성	곡성석(섬록암)	1,770	2.80	4,560	0.196	암회, 중립
전남 강진	강진석(섬록암)	2,300	2.74	5,700	0.191	청, 세립
전남 여천	여수석(섬록암)	2,146	2.85	-	0.200	
제 주	제주석(현무암)	745	2.53	-	1.500	

3.4 석재의 일반 성질

3.4.1 물리적 성질

1) 겉보기 비중

시험체는 공시체 석재의 대표적인 부분에서 3개를 자른다. 크기는 10×10×20cm의 직육면체로 한다. 시험체의 가압면은 평평하게 마무리한다. 이것을 105~110℃의 공기건조기 내에 함량이 될 때까지 건조한다. 그 후, 이것을 꺼내어 데시케이터 안에 넣어 냉각시킨 후 무게 및 실부피를 측정한다. 겉보기 비중은 다음 식에 따라 산출하고, 시험체 3개의 평균치로 나타낸다.

$$겉보기\ 비중 = \frac{무게(g)}{실부피(cm^3)}$$

* 20cm를 거의 수직 방향으로 한다.

2) 흡수율

겉보기 비중을 측정할 때 시험체의 무게는 건조된 시료의 무게로 한다. 다음 그림과 같이 결을 수면과 평행으로 윗부분 1cm가 항상 수면 위에 나타나게 침수시킨 후, 20±3℃(20℃±3K)로 습기가 많은 항온실내에 방치 후 48시간 경과 후에 꺼내어 재빨리 침수부분의 물을 닦고 즉시 무게를 달아서 흡수된 시료의 무게로 한다. 흡수율은 다음 식으로 산출하여 시험체 3개의 평균치로 표시한다.

$$흡수율(\%) = \frac{흡수\ 후의\ 무게(g) - 건조된\ 시료의\ 무게(g)}{건조된\ 시료의\ 무게(g)} \times 100$$

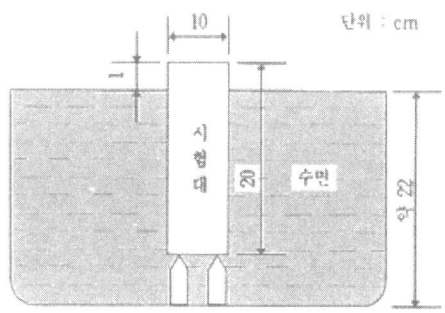

〈그림 4.1〉 석재 흡수율 측정

⟨표 3.6⟩ 석재의 비중과 흡수율

종 류	비 중	흡 수 율
화 강 암	2.61~2.72	0.1~0.4
안 산 암	2.36~2.88	0.5~6.99
응 회 암	2.0~2.5	1.30~2.00
대 리 석	2.68~2.75	0.02~0.25
사 문 암	2.75~2.90	0.18~0.40
점 판 암	2.71	0.18~0.25

3) 공극률

석재의 공극률은 석재가 가지고 있는 전 공극과 겉보기 체적의 비이다. 이것을 직접 측정하는 간단한 방법은 없으나 보통 다음 식으로 산출한다.

$$P = \frac{(1-W)}{D} \times 100$$

$$D = \frac{V-u}{V} \times 100$$

여기서 W : 겉보기 단위중량(kg/l)
  D : 진 비중
  P : 공극률(%)
  V : 겉보기 전 체적(l)
  u : 석재 실질의 체적(l)

석재의 공극률은 비중과 마찬가지로 석산지와 밀접한 관계가 있으며 고압(高壓)하에서 생산되는 심성암 등은 공극률이 작다.

4) 선팽창 계수

조암 광물의 팽창계수는 광물 성분에 따라 다르며 또 그 결정도 다르기 때문에 암석이 온도 변화에 따라 신축할 때는 암석의 내부에 매우 복잡한 응력이 생기며 이것이 암석붕괴의 한 원인이 된다. 이 계수는 또 온도의 고저에 의하여 상당한 차이가 생긴다.

〈표 3.7〉 암석의 선팽창 계수 ($\times 10^{-4}/℃$)

온도℃ 종류	300	500	600	750	900	1060
화 강 암	0.101	0.063	0.137	0.339	0.337	0.264
안 산 암	0.023	0.051	0.124	0.105	0.086	0.093
응회질 안산암	-	0.030	0.023	0.035	0.035	-
응 회 암	0.027	-	0.035	0.070	0.094	0.211
석 회 암	0.090	0.170	0.220	-	-	-

5) 압축·인장·휨강도

　석재 기계적 성질을 비교할 때 압축강도를 기준으로 하는 경우가 많은데 이는 석재의 강도 중에서 압축강도가 가장 크며 인장·휨 및 전단강도는 압축강도에 비해 매우 작다. 따라서 석재를 구조용으로 사용시는 압축력을 받는 부분에 주로 사용된다. 석재의 압축강도는 단위용적 중량이 클수록, 공극률이 작을수록, 구성입자가 작을수록, 결정도와 결합상태가 좋을수록 크며, 함수율이 높으면 강도는 저하된다.

　또한 석재의 인장 및 휨강도는 압축강도에 비해 현저히 낮아 인장강도를 이용한 구조물은 거의 없다.

〈표 3.8〉 석재의 압축·인장·휨 강도 비교표(kg/cm^2)

종 류	압축강도	인장강도	휨강도
화 강 암	500~1,940	37~50	104~132
안 산 암	1,035~1,680	36~82	78~177
응 회 암	86~372	8~35	23~60
사 암	266~674	25~29	54~94
대 리 석	1,180~2,140	39~87	34~90
사 문 암	740~1,200	28~74	-
점 판 암	1,410~1,640	-	-

6) 탄성계수와 포와송비(Poisson's Ratio)

현무암, 경질사암은 일정한 응력까지는 응력-변형율 곡선이 거의 훅크의 법칙에 따라 영계수가 일정하나 화강암, 상암 등은 훅크의 법칙에 따르지 않고 응력의 증가에 따라 영계수 값이 증가한다.

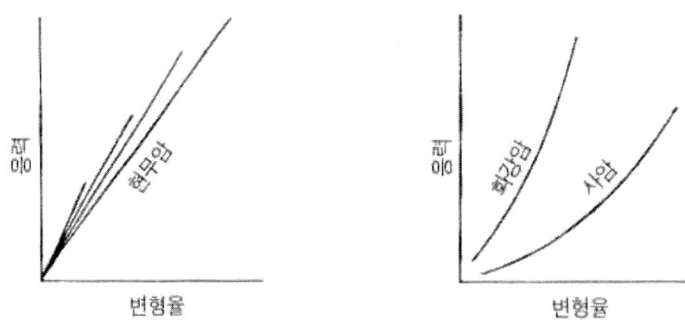

〈그림 3.2〉 석재의 응력-변형률 곡선

석재의 포와송비(탄성재에 수직응력이 작용할 때 재료의 축방향에 따라 가로 세로방향의 두 변형이 생기는데 이 두 변형의 비를 포와송의 비라 하고, m인 계수를 포와송수 혹은 횡축계수라 한다.)는 평균 0.25 정도이다.

〈표 3.9〉 석재의 탄성계수와 포와송비

종 류	화강암	현무암	경사암	사 암	석회암	대리석
영계수×10(kg/cm²)	518	-	-	172	309	769
	610	979	979	208	324	-
	-	-	-	180	246	-
포와송비	0.202	-	-	0.187	0.250	0.273

3.4.2 화학적 성질

대기 중의 탄산가스, 약한 산을 가지고 있는 빗물이나 화학공장에서 분출되는 가스 등이 석재의 내구성을 저하시키게 되며 침해 작용은 다음과 같다.

1) 산화작용

건축용 석재의 대부분은 공기 중의 탄산, 약한 염산 또는 황산류에 의해 생긴 침식과 이들 산류를 포함한 물에 의해 수축팽창이 반복되어 긴 세월 간 침해를 받는다.

장석, 방해석 등은 그 주성분이 되는 칼슘(Ca)이 산류를 포함한 공기나 물에 침해되어 붕괴됨으로 모암파괴를 유발시킬 수 있고 황철강, 각철광과 같은 금속함유 광물은 산화에 의해 팽창 붕괴가 되기도 한다.

2) 용해작용

주로 빗물에 의한 산화로 용해되며 이것은 공기의 오염도와 밀접한 관계가 있으며, 대체로 규산분을 많이 함유한 석재는 내력이 크고, 석회분을 포함한 것은 내산성이 적기 때문에 대리석, 사문암 등은 외장재로 사용치 않는다.

3.4.3 내구성

석재의 내구연한은 조직, 조암 광물의 종류, 사용 장소의 풍토, 기후, 노출 상태에 따라 다르다.

〈표 3.10〉 암종별 석재 내구 추정 수명

암석의 종류	수 명(년)	암석의 종류	수 명(년)
조립 사암	5~15	조립 백운 암질 대리석	40
세립 사암	20~50	세운 백운 암질 대리석	60~80
치밀 사암	100~200	대 리 석	50~100
조립 석회암	20~40	화 강 암	75~200
세립 석회암	30~40	편 마 암	50~수백

3.4.4 내화성

석재는 열에 대해 불양도체로 열의 불균일 분포가 생기며, 열응력과 조암광물의 팽창계수가 상이해 1000℃ 이상의 고온으로 가열하면 암석이 파괴된다. 대개 500℃ 정도까지는 별 피해를

입지 않으나 그 이상의 경우에 일정 온도까지는 고열에 견디나, 그 온도를 넘어서면 급격히 파괴된다.

안산암, 사암, 응회암 등은 1000℃ 이하의 고온에서 영향은 거의 안 받는다.

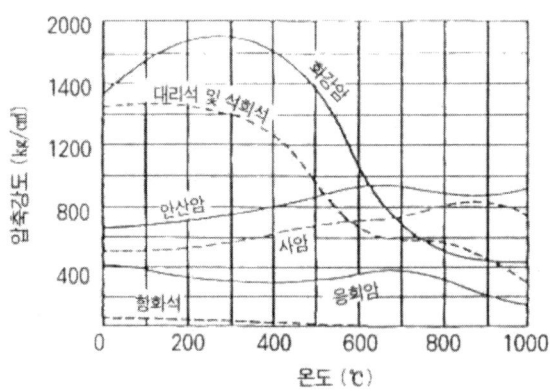

〈그림 3.3〉 석재에 가열되는 온도와 압축강도 변화

3.5 암석의 구조와 조성

3.5.1 구조

암반의 구조는 균일한 바탕으로 형성되어 강도가 비교적 고른 원석을 채취할 수 있는 것이 있는가 하면, 어떤 것은 구조적 특성이 다양하며 품질이 좋고 나쁨을 검사를 통하여 구별해야 하는 경우도 있고, 어떤 경우에는 암반의 결함이 쉽게 드러나지 않아 전문가의 의견을 요청해야만 하는 것도 있다.

이와 같이 암반은 절리(Joint), 층리(Bedding Statification), 편리(Schistosity), 석리(Texture), 석목(Rift) 등과 같이 규칙적으로 배열된 천연적 균열이 발달하고 있는데, 이들은 석재의 성질뿐만 아니라, 채취 및 가공과 밀접한 관계를 갖는다.

이러한 구조적인 특성 중에서, 특히 절리나 석목은 원석의 합리적인 채취방법과 원석의 규격을 결정하는 중요한 요인이 되기도 하며, 균열이나 반장질이 없는 보다 큰 용재를 채취할 수 있게 한다. 예를 들면, 화강암과 석회석은 내리쳐서 절리에 따라 할석하는 얕은 절입법으로 쪼개어지며, 사암이나 대리석 등은 깊은 절입법으로 쪼개어진다. 암반은 아래 그림에 나타난 바와 같은 구조 및 명칭을 갖게 되는데 각 용어에 대한 설명은 다음과 같다.

1) 암석의 절리

암반 중에 존재하는 갈라진 틈으로서 층리면에 대하여 수직을 이루고 있고 규칙적인 것과 불규칙적인 것이 있는 데 모든 암석에는 다 존재한다. 특히 화강암의 경우는 절리가 현저하고 둔각이며, 마그마가 식어서 굳어지면서 수축되어 생성된다. 절리에도 형태상으로 다음과 같이 여러 종류가 있다.

① 판상절리 : 판자를 포개 놓은 형태의 절리에서 수성암, 안산암 등에 많다.
② 주상절리 : 돌기둥을 배열한 것 같은 모양의 절리로서 화강암에 많다.
③ 불규칙 다면괴상절리 : 화강암 등에 많다.
④ 구상절리 : 양파처럼 생긴 절리로서 암석의 노출돌부를 말한다.

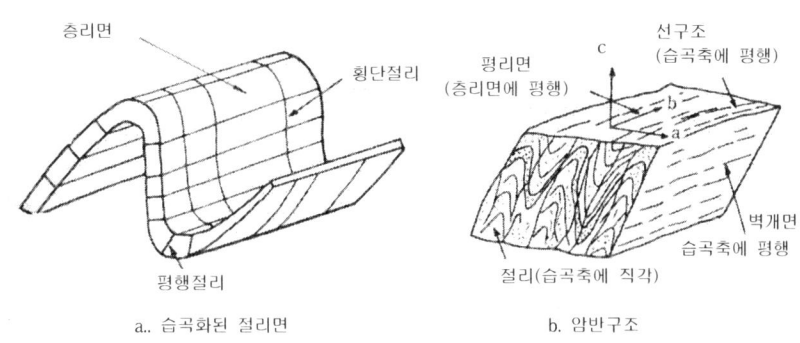

〈그림 3.4〉 암반의 구조와 명칭

2) 암석의 층리

변성암에서 흔히 볼 수 있는 평행상의 절리를 특히 층리라 하며, 암석이 갖는 중요한 구조이다. 층리의 방향은 퇴적될 당시의 지표면에 거의 평행하다.

3) 암석의 편리

변성암에서 흔히 볼 수 있으며, 방향이 불규칙하고 소편으로 갈라지는 성질이 있다.

4) 암석의 석리

조암광물의 집합상태에 따라 생기는 암석의 조직상의 갈라진 눈으로서 결정질과 비결정질로 나누어진다.

5) 암석의 석목

화성암 중에는 화강암과 같은 조암광물의 배열과 벽개면과의 관계에 의한 깨어지기 쉬운 면을 가지는데 이 면을 석목이라고 하고, 직교하는 3면을 형성하며 그 중에서 2면은 절리에 대부분 평행한다. 특히 석목은 채취나 암석의 가공에 가장 영향을 많이 미치는 구조의 하나이다.

6) 벽개면(Cleavage)

층리면과 직교 또는 사교되는 판장으로서 점판암 등에 있다.

⟨표 3.11⟩ 암반의 등급 분류(절리 간격 기준)

절리의 간격	매우 넓음	넓음	보통	좁음	매우 좁음
절리의 간격(mm)	3,000 이상	1,000~3,000	300~1,000	50~300	50 이하
암반 등급	견고	암괴	암괴/맥	균열	파쇄, 분쇄

3.5.2 조성

암석은 장석, 석영, 운모, 각섬석, 휘석, 감람석, 방해석, 녹니석, 사문석, 점토, 철산화물 등의 광물로 이루어졌으며, 그에 따라 광물의 구성에 의해 암석의 성질이 결정된다.

또한 암석은 석영, 장석류, 운모류, 각섬석과 같은 주성분인 조암광물류와 린회석, 반장질과 같은 부성분인 유화광물류로 구성되는데, 석재의 품질에 영향을 미치는 것은 유화광물이다. 특히 유화광물에 혼입된 철분과 린탄석은 암석의 품질 요건에 결정적인 영향을 미치는데, 시방서에 철분함량을 규정하고 있는 것도 이와 같은 이유라고 할 수 있다. 암석은 입도에 따라서 분류 사용되고 있는데, 분류기준은 주성분인 석영의 입자크기에 따라서 다르다. 입자의 크기가 직경 1mm 이하일 때를 세립질이라 하고, 1~4mm를 중립질, 4mm 이상일 때를 조립질이라고 한다. 그리고 입도가 균등치 못한 경우는 압축강도, 인성, 흡수성 등이 좋지 못하다.

〈표 3.12〉 암광물(Ore-Forming Mineral)

명 칭	화학 조성	색 상	모오스경도	비 중	주요 암석
정장석	$KAlSi_3O_8$	백(핑크, 홍)	6	2.6	화강암, 섬록암
사장석	$NaAlSi_3O_8$-$CaAl_2Si_2O_8$	백, 회	6	2.6	화강암, 섬록암
석영	SiO_2	무, 투명	7	2.6	화강암, 사암, 규암
흑운모	$K(Mg, Fe)_3(Al, Fe)Si_3O_{10}(OH, F)_2$	흑, 녹	3	3.0	화강암, 편암, 편마암
백운모	$KAl_2(Al, Si_3)O_{10}(F, OH)$	백	2.5	2.76~3.0	화강암, 편암
각섬석	$(Ca, Na)_{2-3}(MgFe^{2+}, Fe^{3+})SSi8O_{22}(OH)_2$	암록, 흑	5~6	3.1~3.3	각섬석, 화강암
휘석	$(Ca, Na)(MgFe, Al, Ti)(SiAl)_2O_6$	청록, 암록	5~6	3.2~3.6	
감람석	$(Mg, Fe)_2SiO_4$	담록	6~7	3.2~4.35	감람암
방해석	$CaCO_3$	무, 백(기타)	3~4	2.6~2.8	석회암, 대리암
백운석	$CaMg(CO_3)_2$	무, 백(황갈)	4	2.9	백운암, 대리암
녹니석		녹, 암록	1~2.5	2.5~2.9	편암, 녹색세맥
사문석	$(Mg, Fe)_3Si_2O_5(OH)_4$	녹, 암록, 흑황	3~4	2.5~2.7	사문암
점토		백, 황적	1	2.27~2.6	
철산화물	Fe_2O_3 등	갈, 적(금속)	2~6	4~6	

3.6 채석방법

3.6.1 Block Cutter에 의한 채석

착암기류가 모든 대리석과 화강암 채석장에 가장 일반적으로 쓰이며 주로 화강암 채석장에 널리 사용된다. 대리석 채석에서는 용수가 없는 경우 등 다른 방법의 적용이 굉장히 어렵거나 생산비가 고가로 채석 여건이 어려운 경우 등의 특별한 조건에서 사용된다. 성공적인 채석을 위해서는 발파공을 일직선 천공(Line천공)하여 같은 수평상에 놓이도록 하는 것이 중요하며 평행성을 증가시키고 정확성을 기하기 위하여 Guide Rail장치를 많이 이용하고 있다. 연속 천공에 의한 채석은 공경정도의 폭을 갖는 한 개의 선을 연속 천공하는 방법으로 천공심도는 공의 공극허용한계 범위 내에서 유지될 수 있도록 제안되어야 하며 공의 길이가 길어짐에 따라 천공속도가 늦어지기 때문에 낮은 높이의 채석계단을 형성하도록 채석장을 설계하여야 한다. 화강암에 주로 적용되며 취성이 강한 암석에 용이하게 사용할 수 있다.

3.6.2 Chain Cutter에 의한 채석

절삭 체인에 부착되어 있는 탄소강 비트로 절삭하여 대리석과 트레버튼 등 연약한 석회암에만 사용되고 있다. 가변 Arm의 회전으로 수평, 수직절단이 가능하기 때문에 특히 지하 및 갱도 개발에 의한 채석에 효과적이며 대규모 수평, 수직절단이 요구되는 채석장에서도 효과적이다. 대리석과 트레버튼 채석에서 주로 Chain Cutter와 Diamond Wire를 혼합하여 채석하고 있으며 수직 및 수평절단은 Chain Cutter로 횡형절단은 Diamond Wire Saw를 사용한다. 채석실수율 및 생산성을 높이기 위하여 Joint가 거의 없는 광상에 적용된다.

3.6.3 Diamond Wire에 의한 채석

1978년 대리석 채석장에서 최초로 사용된 이래 많은 발전을 이루어 현재 대리석과 트레버튼 채석장에 널리 사용되고 있으며 절삭능력은 $8 \sim 16 m^2/h$ 정도로 대리석에 절단응력은 우수하나 화강암 절삭에는 암석의 강도에 따라 다소 차이는 있지만 $2 \sim 5 m^2/h$로 저조한 편이며 사용비트도 임프레그네이트 비트를 사용한다. Diamond Wire Saw의 장점은 절삭속도가 빠르며 조작이 간단하고 경제적이다. 화강암 채석에는 널리 사용하지 못하고 대단위 절삭시 일부 선택적으로 사용된다. 그러나, 석재 선진국에서는 이에 대한 계속적인 연구 개발을 실시하고 있어 곧 실용화 단계에 이를 것으로 예상된다. Diamond Wire Saw에 의한 화강암 절삭시 많은 문제점들이 발생되고 있다. 물과 화강암 조각의 혼합물이 Bead를 감싸기 때문에 Diamond Wire의 절삭 작업에 방해가 되므로 세심한 주의를 기울이지 않으면 화강암의 강도 때문에 Diamond Wire회전이 어렵게 되어 Bead의 모양이 달걀 모양이나 뽀족한 모양으로 되기 쉽다.

3.6.4 Helicoidal Wire에 의한 채석

대단위 암석을 채석할 때 사용하며, 장비설치에 많은 경비와 시간이 소요되므로 1개 이상의 채굴단면을 운영시 경제적이다. Loop의 길이에 의한 기술적인 한계로 다이아몬드 와이어가 사용될 수 없는 대단위 암석의 채석에 사용된다. 매우 잘 부서지는 암석에는 연마제(모래, 물)의 누수로 절삭할 수 없으며 절삭속도가 1.5~2m²/hr로 생산성은 매우 저조하며 화강암에는 사용이 불가능하다.

3.6.5 Zet Burner에 의한 채석

열팽창계수가 다른 광물들로 구성되어 있는 암석에 사용한다. 사전 준비 작업이 필요 없이 수평, 수직 어느 방향으로도 절삭이 가능하고 모든 작업조건에 적용하기 용이하나 단 화강암류에만 적용한다. 처음 자유면을 형성할 때와 마지막 벤치작업시에 효과적으로 사용된다. 단점으로는 열, 먼지, 과다한 소음 등으로 작업환경이 나쁘며 절단 홈의 간격이 넓으며 열에 의한 절삭면 손상이 심하며 원석의 손실이 많다. 손상 범위는 좌우 15cm 정도가 된다.

3.6.6 초고압수(Water Zet)에 의한 채석

물을 4000bar까지 압축할 수 있는 동력장치와 Nozzle Head가 부착된 Lance, Lance 유도장치와 연결파이프로 구성된다. 화강암, 편마암, 석영반암과 같이 균질하지 않은 암석에 효과적이다. 장점으로는 저소음, 저 진동과 먼지가 없기 때문에 양호한 작업환경에서 생산능률을 높일 수 있고 채석 실수율이 높고 절삭 폭이 좁으며 매끄러운 절삭표면을 얻을 수 있다. 단점으로는 시설 투자비가 높으며 운전비용이 높다. 경제적인 측면에서 실용화를 위하여 계속적인 실험과 연구가 요구되어 선진국에서 많은 노력을 경주하고 있다.

3.7 원석의 가공

3.7.1 가공의 종류

크게 세 가지로 구분되는데 하나는 채취된 원석을 선별하여 장방형의 정청석으로 규격화 시키는 것과 또 하나는 원석의 할석, 그리고 표면 가공으로 분류된다.

할석은 석공예품 제작을 위해 두꺼운 석재로 할석하는 작업과 건축마감재로 이용되는 소정의 두께의 대·중·소형 판재로 할석하는 작업이 있고, 표면 가공에는 화염가공(Scorching Treatment, Jet Burner Treatment), 연마가공(Grinding & Polishing Treatment), 손다듬기 등이 있으며, 최종적으로 요구되는 치수에 맞게 절단하는 과정이 있다.

3.7.2 석재 제품 가공 순서 및 사용장비

〈표 3.13〉 석재 가공 순서 및 사용 장비

가공순서	사용 장비		비 고
① 절삭	갱쏘, 대형 다이아몬드톱		이태리 등 석재 선진국에서는 주로 갱쏘를 사용
② 표면 처리		㉮ 연마	자동연마기(대리석용 4~14head, 화강암용 8~34head), Bridge Polisher, 수동연마기(공예에 사용)
		㉯ Scorching	풍화에 대한 내구성이 양호하여 외장용으로 인기가 높다.
		㉰ Bush Hammering	망치를 사용하여 표면에 요철을 주는 정다듬 작업을 자동으로 처리할 수 있는 기계로 연속적인 작업이 이루어진다. 사용하는 망치에 따라 판재표면의 질감을 달리 할 수 있다.
③ 재 단		㉮ 주행식 재단기	• 재단 Table회전으로 양방향 재단 • Spindle의 각도 조절로 각도 재단 • 예비 대차 준비로 비가동시간 단축 • 전자 제어 장치 도입
		㉯ 다날 재단기	• Blade는 고정되고 판재가 컨베이어나 대차에 의해 운반 • 절삭된 판재를 필요한 크기로 재단할 수 있으며 대량생산에 적합

④ 마무리	㉮ Edge Polisher	모서리 부분을 갈고 연마	
	㉯ Borer, Slotter, Shaper 등		

3.7.3 표면 가공

1) 손다듬기(Hand Tool Finish)

가장 오래된 방법으로 쇠큰망치, 날메, 정, 날망치 등의 사용 타격수와 공구의 사용 간격에 따라 표면 마무리가 달라진다. 생산량의 한계와 생산 석재판 두께의 제약에 따라 현재는 기계에 의한 갈기 및 화염처리 등으로 대량 생산을 하고 있으며, 일부 통석 가공 시 손다듬기가 사용되고 있다.

〈표 3.14〉 경질석재 마무리 종류 및 가공공정

마무리종류 \ 가공공정		혹떼기		정다듬			도드락다듬			날망치다듬			비고
		큰 혹	작은 혹	거친 정	중정	고운정	25눈	64눈	100눈	5~6 mm	3~4 mm	1.5~2 mm	
혹두기	큰 혹	①											
	작은 혹		①										
정다듬	1 회		①	②									
	2 회		①	②	→	③							
	3 회		①	②	③	④							
도드락 다듬	1 회		①	②	③*	④	⑤						
	2 회		①	②	③*	④	⑤	→+	⑥				
	3 회		①	②	③	④	⑤	⑥	⑦				
잔다듬	1 회		①	②	③	④	⑤	⑥*	⑦	⑧			
	2 회		①	②	③	④	⑤	⑥*	⑦	⑧	→+	⑨	
	3 회		①	②	③	④	⑤	⑥	⑦	⑧	⑨	⑩	

주) 1. ○내의 숫자는 가공순위를 표시한다.
    2. 날망치다듬에서의 숫자는 날망치의 날 간격이다.
    3. *표 공정은 생략하거나 +표의 공정으로 바꿀 때에는 특기 시방서에 따른다.

〈표 3.15〉 연질석재 마무리의 종류 및 가공공정

마무리 종류	가공공정	혹떼기	깍기	도드락 다듬	날망치 다듬	톱켜기	갈기	비고
혹두기	큰혹	①						쇠큰망치로 따낸다.
	작은 혹	①						쇠망치, 날메 등으로 따낸다.
깍기	정날 정따기	①	②					날정동으로 쳐 깎아낸다.
	1회		①	②				날망치로 쳐 깎아낸다.
	2회		①	②	③			
도드락 다듬	1회	① →	② →	③				
	2회	① →	② →	③	④			
잔다듬	1회	① →	② →	③*	④	→	⑤	
	2회	① →	② →	③*	④	⑤	⑥	
톱자국	켜낸돌 제치장					①		켜내면 물씻기를 충분히 할 것
갈기	따낸돌	①	②* ③*	④	⑥* ⑥	⑦* ⑧	→	⑨
	켜낸돌						①	②

주) 1. ○안의 숫자는 가공순위를 표시한다.
　　2. *표 공정은 석질 또는 특기시방서에 따라 생략할 수 있다.

2) 연마(물갈기) 및 광내기(Grinding & Polishing Treatment)

표면 가공 중 많은 시간이 소요된다. 바탕은 갱소나 다이아몬드 톱날에 의해 켜낸 석재를 기준으로 거친 갈기, 물갈기, 본갈기로 구분되는데 현재는 수동식 연마에서 탈피하여 자동 연마기를 사용하여 대량 생산을 하고 있다.

〈표 3.16〉 경질석재 갈기 마무리 종류

마무리 종류	마무리의 정도
거친갈기	#24~#80(#100~#300)의 카보런덤숫돌 또는 같은 정도의 마무리가 되는 다이아몬드 숫돌로 갈아낸다.
물갈기	#400~#800의 카보런덤숫돌 또는 같은 정도의 마무리가 되는 다이아몬드숫돌로 갈아낸다.
본갈기	#800~#1500의 카보런덤숫돌 또는 같은 정도의 마무리가 되는 다이아몬드숫돌로 갈아내고, 다시 광내기 가루를 사용하여 버프(Buff)로 마무리한다.

주) ( )안의 수치는 대리석, 테라조 블록의 경우에 적용한다.

3) 화염처리(Scorching Treatment, Frame Treatment)

일반적으로 버너튀김, 버너마감, 젯트 버너처리(Jet Burner Treatment)라고 불리우며, 대리석과 철분이 많은 화강석에는 이용되지 않는다.

버너에서 분사되는 고열불꽃에 의해 석재 표면을 태우는 독특한 면을 형성하는데, 버너와 석재 면과의 간격이 30~40mm 되도록 하고, 버너는 원형을 그리면서 회전하며 진행시킨다. 버너의 회전직경은 약 150mm 정도이며 버너의 겹침 폭은 50mm로 한다. 또는 버너로서 태운 면, 즉 열을 가한 면에 즉시 물 뿌리기를 하여, 표면을 냉각시킴으로써 암석의 특성에는 영향을 미치지 않는다.

3.7.4 먹메김과 절단

표면가공이 끝난 판재는 Shop Drawing에 준해 표면처리 반대 면에 규격절단을 위해 먹메김을 한 후, 재단용 다이아몬드톱날을 사용하여 최종 절단작업이 이루어진다.

3.7.5 특수 형태 부재의 가공

R형, V자형 및 복잡하지 않은 형태는 특수 가공기에 의해 마감 처리되기도 한다.

3.7.6 구멍뚫기

고정용 꽂임핀이나 GPC(Granite Veneer Precast Concrete)용 연결재를 위한 구멍 뚫기 작업을 한다. GPC 방법을 제외하고는 일반적으로 현장 설치시 이루어지고 있다.

3.7.7 검사

색상 및 부재의 가조립을 통해 최종 검사를 하며, 허용 오차는 승인된 Shop Drawing에 표시된 규격의 일정한 오차 내에서 이루어지나, 긴결의 강도가 덜 적용되는 뒷면 모서리의 일부파손은 허용되기도 한다.

3.7.8 포장 및 출하

검사가 완료된 석재는 규격별, 부위별로 포장 후 현장으로 운송된다. 소형 판재 경우에는 비닐 노끈이나 새끼줄을 사용하여 간단히 포장하기도 하나 운반거리가 길거나 규격이 큰 것은 나무상자에 넣어 운반하기도 한다.

3.8 건축용 석재로서의 필요사항

3.8.1 석재의 선택 요건

〈표 3.17〉 석재 선택시 주의사항

특 성	선택 시 주의 사항
암석의 구조	연약면, 편리, 균열 등이 없고 균질한 상태의 것
구성광물	갈철광, 점토광물, 인회석 등 불안정 광물이 적을 것
가 공 성	가공이 용이할 것
조 직	석재용 암석은 대체로 균일한 크기의 입자로 되어 있으며 이 입자의 크기나 형태는 암석의 종류, 광상의 위치 등에 다라 다르다. 보통 세립질, 중립질, 조립질로 분류하며 용도에 따라 신중하게 선택하여야 한다. 특별한 경우를 제외하고는 입자들이 균질하게 분포된 것이 좋다.

색 상	암석의 색상은 광물의 색 특히 유색 광물의 색상에 좌우되며 유색 계열의 색상은 장석류의 영향이 큼
압축강도	용도에 따라 강도의 영향을 많이 받으며 특히 내구재로 사용할 때 중요
흡수율(공극률)	흡수율이 높으면 물의 침투가 쉬워 석재의 표면이 오염될 수 있으며 대기중의 유해 물질에 의한 풍화가 쉽게 일어날 수 있으므로 낮을수록 좋다.
기 타	용도에 맞게 비중, 인장강도, 충격강도, 열팽창 등을 시험하여 우수한 석재를 선택

3.8.2 석재의 품질

원석의 품질은 물성이나 색상에 좌우될 경우가 많지만 가공품의 색상, 무늬, 치수나 형태에 의할 경우가 많다. 건축재는 특히 균질한 색상과 용도에 따라 물성이 매우 중요하다. 색상은 동일 원석으로 단일시공이 이루어져야만 풍화나 탈색에 의한 변화에도 균질한 외관을 유지할 수 있으므로 대량으로 소요될 경우 충분한 원석 확보가 중요하다.

KS F 2530 석재 결점 및 등급이다.

1) 결점에 관한 용어의 정의

① 구부러짐 : 석재의 표면 및 측근이 구부러진 것
② 균열 : 석재의 표면 및 측근이 금이 가서 터진 것
③ 얼룩 : 석재의 표면이 부분적으로 색조가 균일하지 않는 것
④ 썩음 : 석재 중에 쉽게 떨어져 나갈 정도의 이질적인 것
⑤ 빠진 조각 : 석재의 겉모양 중 면의 모서리 부분이 작게 깨어진 것
⑥ 오목 : 석재의 표면이 들어간 것
⑦ 반점 : 석재 표면에 부분적으로 생긴 반점모양의 얼룩진 것
⑧ 구멍 : 석재 표면 및 측면에 나타나는 구멍
⑨ 물듬 : 석재 표면에 다른 재료의 색깔이 붙은 것

2) 석재의 결점

치수의 부정확, 구부러짐, 균열, 얼룩, 썩음, 빠진 조각, 오목, 철분이 사용에 지장이 있을 정도 함유한 것. 연석은 상기 외에 반점 및 구멍, 화장용은 특히 색조 또는 조직의 불균일 및 물듬

3) 석재의 품질 : 산지 암석의 종류마다 구별

⟨표 3.18⟩ 석재등급기준

등 급	기 준
1등품	1. (2)에 표시한 결점이 조금도 없는 것 2. 크기는 비슷비슷한 것
2등품	(2)에 표시한 결점이 심하지 않은 것
3등품	(2)에 표시한 결점이 실용상 지장이 없는 것

3.8.3 암석 및 광물의 색상별 분류

⟨표 3.19⟩ 암석의 색상별 분류

색 상	광 물	암석의 종류		
		화 성 암	퇴 적 암	변 성 암
적·핑크	장석 적철석 (방해석)	화강암	사암	편마암 편마암, 대리암 대리암
백색	정장석 사장석 석영 백운모 방해석	화강암 화강암 화강암 (화강암)	사암 사암 사암 사암, 셰일 석회암	편마암 편마암 편마암, 규암 대리암, 편암, 규암 대리암
회색	사장석 석영 흑연 유기물	섬록암, 반려암 화강암	사암 사암, 셰일, 석회암	편마암 규암, 편마암 대리암, 슬레이트, 편마암
흑색	각섬석 흑운모 흑연 유기물	화강암, 반려암 섬록암 화강암, 반려암 섬록암	사암, 셰일, 석회암	편마암 편마암, 대리석, 편암 슬레이트, 대리암, 편마암 편암

갈색	각섬석 흑운모	화강암 등 화강암 등		편마암, 편암 편마암, 편암, 대리암
녹색	각섬석 녹니석, 견운모 Glauconite 철수산화물	화강암 등	사암, 세일, 석회암 세일, 석회암, 사암	편마암, 편암 편마암, 대리암, 편암
황색	각철석류		셰일, 사암, 석회암	슬레이트, 규암
황금석	견운모 각철석류		석회암	대리암

3.8.4 모양 및 치수 KS F 2530

1) 각석, 판석, 견치석 및 사고석은 다음과 같다

① 각석은 나비가 두께의 3배 미만으로 일정한 길이를 갖는다.
② 판석은 두께가 15cm 미만으로 나비가 두께의 3배 이상인 것
③ 견치석은 면이 원칙적으로 거의 방형에 가까운 것으로 길이는 4면을 쪼개내어 면에 직각으로 잰 길이는 면의 최소 변의 1.5배 이상일 것
④ 사고석은 면이 원칙적으로 거의 사각형에 가까운 것으로 길이는 4면을 쪼개내어 면에 직각으로 잰 길이는 면의 최소변의 1.2배 이상일 것

〈표 3.20〉 각석의 치수 (단위 : cm)

두 께	너 비	길 이
12	15	
15	18	
15	21	91,100,150
15	24	
15	30	
18	30	

주) 두께와 나비에서 긴 쪽을 나비로 한다.

⟨표 3.21⟩ 판석의 치수 (단위 : cm)

두 께	너 비	길 이
30	8~12	30
40		40
40	10~15	90
45		
50		
55		
60		
65		

⟨표 3.22⟩ 견치석의 치수

명 칭	길이(cm)	표면적(cm²)
35각	35 이상	620 이상
45각	45 이상	900 이상
50각	50 이상	1220 이상
60각	60 이상	1600 이상

비고 : 표면 반대 부분의 단면적은 표면면적의 1/16 이상이어야 한다.

⟨표 3.23⟩ 사고석의 치수

종 류	길이(cm)	표면적(cm²)
30 사고석	30 이상	620 이상
35 사고석	35 이상	900 이상
40 사고석	40 이상	1220 이상

2) 치수의 측정 방법

두께, 너비, 길이는 결점부분을 제외한 최소 부분을 측정한다.

3.8.5 압축강도에 따른 경석, 준경석, 연석의 구분

〈표 3.24〉 압축강도에 따른 구분

종류	압축강도(kgf/cm²){N/cm²}	참고치 흡수율(%)	겉보기비중(g/cm³)
경석	500{4903} 이상	5 미만	약 2.7~2.5
준경석	500{4903} 미만~100{981} 이상	5 이상~15 미만	약 2.5~2
연석	100{981} 미만	15 이상	약 2 미만

3.8.6 원석의 용도별 선택 작업

1) 건물내·외장용

외장용은 건물의 규모가 클수록 입도가 굵은 원석을 택하며, 내장용은 외장용보다 입도가 비교적 가는 원석을 사용하는 것이 건축물의 조화미를 이룰 수 있다. 특히 외장용은 유화광물류가 많이 혼입된 원석이 사용되었을 경우는 시공 후 시간이 경과되면서 린탄석 특유의 점상이나 불순물 등이 배어 나와 주위 석재에까지 오염을 발생시킴으로써 사전에 성분시험을 거쳐서 사용하도록 한다.

2) 보도석과 경계석용

내마모성과 유도가 높은 것이 요구되며 입도가 비교적 굵은 원석을 택하는 것이 바람직하다. 보도석과 경계석은 서로의 배색조화를 이룰 수 있으면서 건물과 시가지의 미관을 고려하여 선택한다.

3) 지하도석과 계단석용

지하 부분이 어둡고 불안감을 주는 것을 고려하여 입도가 굵고 비교적 밝은 색상의 계통을 택하는 것이 바람직하며, 습도가 높은 것이 일반적이므로 흡수율은 낮은 것이 요구된다. 계단석은 모서리부분의 파손에 견딜 수 있는 유도와 인성을 가진 원석을 택한다.

4) 분수대 및 수중용

수중용의 경우는 물때가 끼게 마련인데 이에 직접적인 영향을 미치는 산화칼리성분 등의 유화광물을 적게 함유하는 원석을 택하도록 하고, 화강석은 수분을 함유하면 색상이 점차 어두워진다는 것도 고려하여 택한다.

5) 성곽 축조용

시대적 관점에서 실용성 보다는 조경성, 미관성에 더 중점을 두게 되므로 이끼 등이 잘 자랄 수 있는 산화칼리성분을 어느 정도 함유하고 있는 원석이 좋다. 갱축 시는 이미 사용한 석종과 동일류의 것이면서 풍화정도가 비교될 수 있을 것을 사용한다.

6) 조각 및 묘석용

조각용은 예술성을 우선적으로 고려해야 하나 섬세성을 요하는 경우가 많으므로 입도가 가는 계통의 원석을 택하되 인성은 높은 것이 요구되고 풍화석 영입자의 함유량은 적은 것이 바람직하다.

〈표 3.25〉 용도별 석재 특성의 상호 중요도

석재의 특성	용 도					
	외장용	내부용	보도용	실내계단용	외부돌출 계단용	클래딩
체적당중량(비중)	○	○	○	○	○	○
흡수율	○	△	○	△	△	●
압축강도	○	△	○	△	○	○
결빙후의 강도	●		●			
인장강도	●	△	○	○	●	○
탄성계수	○		△			
열팽창계수	○		△			
충격저항			●	●	●	○
마모저항	△		●	●	●	△
경도	△		●	●	●	△

※ 중요도의 구분 = ● : 아주 중요 ○ : 중요 △ : 보통

3.9 건축 석재의 특성

3.9.1 화강석(Granites)

화강석은 자체의 물성이 우수하여 고급스럽고 웅장한 느낌을 주며 풍화에 강하고 다양한 질감 표현으로 건축 내·외장 마감재 및 조각, 조형 등 여러 방면에서 사용한다. 국내에서 건축용으로 화강석이 많이 생산되며 사용되고 있으며, 대체로 질감이나 색상, 무늬가 차갑게 느껴진다. 최근에는 다양한 칼라와 무늬의 화강석이 전 세계적으로 수입되고 특히 중국의 득세로 중국 화강석이 폭발적으로 수입되어 국내시장 및 대외 수출도 어렵다.

3.9.2 대리석(Marbles)

강도 및 경도 여러 면에서 화강석보다 떨어지지만 부드럽고 따뜻한 질감, 다양한 색상 등의 요인으로 내장재로 많이 사용하게 한다. 그러나 풍화에 약하고, 퇴색, 발색, 오염이 쉽게 되어 주의를 기울여야 한다. 또한 외부 시공 시는 햇빛에 발색되고 산성비, 풍화, 겨울의 동파 등으로 외부 사용은 불가하여 부득이 사용할 때에는 UV코팅, 방수, 발수 등의 특별한 대책이 필요하다.

3.9.3 사암(Sandstone)

문자 그대로 모래, 흙 등이 오랜 외부의 압력으로 굳어진 상태를 일정한 모양의 형태로 가공하여 사용하는 석재로 흡수율이 높고 강도가 약한 편이다. 그러나 가공이 쉽고 독특한 질감과 무늬 색상을 낼 수 있으며 가격이 저렴한 편이다. 연마하여 광택을 내기보다는 쪼갠 상태나 다듬은 상태로 많이 시공한다.

3.9.4 라임스톤(Limestone)

사암과 유사하나 입자가 곱고 색상이 부드럽다. 가공이 용이하고 은은한 광택이 난다. 주로 혼드 형태로 많이 사용한다. 흡수율이 매우 높으며 순수 석회질에 가깝고 강도가 약하다. 판재 형태로 외부 사용할 때 방수, 발수 및 산성 오염에 주의해야 한다.

3.9.5 슬레이트(Slate)

대체로 천연석이며 채석된 형태로 시공되며 채석 규격이 작고 시공할 수 있는 부위가 한정되어 있다.

3.9.6 인조석(Artificial Stone)

천연석의 단점을 보완, 원가의 절감이나 가공의 어려움을 극복하기 위한 제품으로 천연석보다 다양한 제품과 균일한 제품을 생산할 수 있다. 또 인조석은 제조 시 사용하는 종석이나 접착모르타르에 의해 구분되고 제조방식 방법에도 여러 가지가 있으며 제품에 따라서는 열변형이 쉬우므로 외부나 직·간접적으로 열을 받는 부위 사용에 주의하여야 하며 화학약품 사용과 시공부위에 대한 각별한 배려가 요구된다. 또 현장시공 인조석(테라조)도 있으며 폐수 슬러지가 많이 발생하여 점차 시공이 줄어들고 있으며 근간에는 인조석(테라조) 타일이 생산되어 폐수 슬러지를 발생하지 않고 석재처럼 시공할 수 있다.

3.10 석재 유지 관리

3.10.1 석재의 변색

〈표 3.26〉 석재의 변색 원인

구 분	비 고
석재의 퇴색	일반적으로 색이 짙은 석종 중에서 퇴색되는 경향이 강한 것이 있다. 사용실적이 적은 석재는 사용할 때는 사전에 시험으로 퇴색 정도를 확인할 필요가 있다.

석재의 취급 부주의	면석 가공 시 물씻기 부족으로 남은 석공의 발자국에 묻은 철분 등은 발청에 의해 변색된다. 또 해수에 침수된 화강암도 변색하는 경우가 있다. 가공중의 주의를 요한다.
세척이 불완전한 경우	세척에 염산 등을 사용하고 그 처리가 불충분한 경우는 염산에 타서 변색된다. 바닥 등에서 세척수가 고이는 곳은 특히 주의를 요한다.
발청 외의 원인에 의한 오염	바탕 철근 등을 충분히 방청되지 않거나 또는 몰탈의 피복이 불충분한 경우는 발청하며, 그 녹이 석재 배면을 오염시켜 석재를 착색시킨다. 또 뒷채움 공간속에 목재 담배꽁초 등이 혼입되어 있으면 다음에 그 진이 나와 석재를 오염시킬 수 있다.
불순물이 많은 몰탈에 의한 오염	유기물이 많은 모래를 사용한 몰탈은 유기물이 용출되기 때문에 석재를 오염시킨다.
실링 중 화학성분에 의한 오염	페놀성분이 함유된 실링재의 사용은 페놀성분이 대리석을 오염시키는 경우가 있다. 또 실리콘계 실링재의 경우 실리콘오일이 나와 줄눈 표면에 먼지가 부착되어 줄눈오염을 초래하는 예가 있다.

3.10.2 석재의 전문 보호재(Hydrex)

수영장, 욕실, 화장실, 세면대 등 특정부위 및 시공 부위에 부식, 변질, 녹물발생 등 여러 형태로 손상됨을 미연에 방지함은 물론 석재 특유의 발수 및 공기의 부가 효과를 가져다줌으로써 석재의 고유특성을 항상 보존, 유지시킨다.

3.10.3 석재의 전문왁스(Care Fuild Wax)

연마, 광택 처리된 석재의 광택 상태가 완벽치 못할 경우 또는 장기간 방치되어 부식 및 변색될 경우나 시공 후 벽면 또는 기타 부위의 미세한 광택결함을 거의 완벽히 되살림은 물론 고유광택을 유지할 수 있다.

3.10.4 석재의 청소

석재의 청소는 석재 특성과 오염에 따라 달라진다. 화강암류의 경우 화학적으로 다소 안정하므로 어느 정도 산에도 견디나 대리석은 염산 등에 접하게 되면 격렬한 반응을 보이므로 관리에 주의를 기울여야 한다. 석조물이나 석재로 마감한 건물의 세척은 건식과 습식방법으로 나눌 수 있으며 건식방법으로는 압축공기를 사용하여 불어내거나 솔로 털어내는 방법, 진공청소기로 흡입하는 방법 등이 일반적인 방법이며 특별한 경우 화염처리 등 표면처리를 다시 하는 방법을 들 수 있다. 화염처리는 표면을 2~3mm 정도를 제거하는 방법이므로 청소에 주의를 기울여야 한다. 습식방법은 물로 닦아내는 방법, 가성소다(NaOH) 등의 알칼리용액을 사용하여 세척하는 방법, 비눗물이나 표백제를 사용하는 방법, 수증기에 의한 세척 등이 있다.

〈표 3.27〉 오염별 청소방법

철로 인한 녹	1:6의 시트르산 나트륨(Citrc Acid Natrium)수용액에 같은 분량의 글리세린을 가한 후 반죽으로 하여 녹이 낀 부분에 발라두고 며칠 후에 떼어내고 다시 반죽을 붙이는 작업을 반복한다. 녹이 짙은 경우에는 이와 같은 작업 후 아이치온산나트륨($Na_2S_2O_4$)으로 지우면 쉽게 제거된다.
구리나 놋쇠로 인한 녹	염화암모늄(NH_4Cl)과 활석율 1:4로 섞은 후에 암모니아수로 반죽하여 붙여둔다. 또 다른 방법으로는 시안화칼리(KCl) 60g을 물 1리터에 녹여 씻어내는 방법이다. 이 때 시안화칼리용액은 독성이 강하므로 취급에 주의를 하여야 한다.
기름 얼룩	기름이 묻은 얼룩에는 이보다 크기가 넓은 면제품의 천에 아세톤과 식초산 아밀을 1:1로 섞은 용액을 적셔 얼룩 위에 얹고 그 위에 적당한 물건으로 잘 눌러둔다. 얼룩이 남아 있으면 제거될 때까지 반복한다. 아세톤과 식초산 아밀은 휘발성이 강하고 연소성이 강하므로 불에 조심한다. 또 다른 방법으로 석고와 물을 혼합하여 새둥지처럼 반죽한 후 얼룩에 칠하고 말린 다음 약 30분 후 약간의 솔벤트를 여기에 붓고 다시 3시간 후 나무스크레이퍼로 제거한 후 물로 씻는다.
잉크	석고와 표백제를 섞어 치약과 같은 농도가 되게 만들어 얼룩에 칠하고 약 30분 정도 말린 후 반죽을 제거하고 물로 씻는다.
술 등 비지방성 염료	석고와 표백제를 섞어 치약과 같은 농도가 되게 만들어 얼룩에 칠하고 약 30분 정도 말린 후 반죽을 제거하고 물로 씻는다.

3.11 화강암과 대리석의 특성 비교

〈표 3.28〉 화강암과 대리석 비교표

구 분	화강암(Granite)	대리석(Marble)
분 류	화성암계	변성암계
주 성 분	석영, 장석, 운모	방해석, 점토질, 규산
경 도	6.5	3
흡 수 율	0.2~0.7%	1% 이상
비 중	2.65	2.7
고 열	약하다(500℃에서 박리), (700℃에서 붕괴)	강하다
산 성 비	강하다.	약하다(광택 지워짐)
마감처리	연마, 버너, 잔다듬	연마만 가능
용 도	내·외장재	내장재
압축강도(kg/cm^2)	1,300~2,000	1,000 미만
철분함량(Fe$_2$O$_3$)	0.2~2%	없음
채굴방법	제트버너, 화약발파, 슬로트 드릴	다이아몬드 로프, 나선형 로프

3.12 인조석, 인조대리석, 착색기술

3.12.1 인조석, 인조대리석

대리석은 중국의 운남성 서남부의 대리에서 다량으로 산출되기 때문에 대리석이라는 이름이 붙여졌다. 변성암 일종으로 석회암의 변성작용으로 생성된 방해석의 집합체이고 조립화된 결정질 암석이다. 현재의 세계적 주산지는 중국, 이탈리아, 포르투갈, 브라질, 그리스 등이다. 대리석의 외관은 중량감, 고급감이 있고 가공이 대체로 용이하여 예로부터 유럽 등지에서 건축재로 많이 이용되어 왔다. 천연 대리석은 일반적으로 백색, 유백색이 많고 조성에 따라 여러 가지 색조를 띠며 독특한 마블모양을 형성한다. 그러나 대리석은 일반적으로 고가이며 무거우며(비중 2.8 이상) 다공질 구조체로 되어 있어 오염이 타기 쉬우며 치밀한 가공이 곤란하다. 이러한 이유로 인해 개발된 것이 인조대리석으로 외관상으로는 천연 대리석과 유사하고 가공성도 양호하며 가격도 천연 대리석 정도이거나 약간 높은 정도이다. 인조대리석을 크게 분류하면 천연 또는 합성의 광석분과 규사 등을 플라스틱류와 혼합 경화시킨 것과 천연 광석분을 원료로 열분해 시킨 글라스질계로 분류되는데, 후자의 것은 개발 중이며 현재 인조대리석이라 하면 전자의 것을 말하고 여러 종류가 시판되고 있다.

3.12.2 인조대리석의 제조방법

일반적으로 인조대리석은 천연의 광석분 또는 합성 무기 재료 분말을 필터로 하여 수지로 경화 시킨 후 압축프레스로 성형한 것이다. 필터 재료는 수산화알루미늄, 황산바륨, 탄산바륨, 탄산칼슘, 실리카(규사), 화강암, 어영(御影)석분 등이 이용되고 수지재료로는 열경화성 불포화 폴리에스테르 및 열가소성 메틸메타아크릴(MMA)수지가 이용된다. 여기서 사용되는 혼합비 등은 각 회사의 노하우이다. 그런데 대부분의 경우 특허를 분석해 보면 필터의 함유량은 50~60%에 달하는 것으로 추정된다. 인조대리석은 수지를 메트릭스재로 사용하지 않고 시멘트계 재료와 콘크리트를 사용하는 방법도 최근 독일, 스웨덴 등에서 집중적으로 개발되고 있는데 콘크리트에 대리석이나 화강석분을 사용하는 경우는 테라조에 가깝지만 콘크리트와 플라스틱류 대리석이나 화강암 분말을 사용하는 등 인조대리석에 유사한 형태의 제품 등도 다양하게 개발되고 있다. 한편 인조대리석은 가압성형으로 제조하여 무기공으로 치밀한 조직이 얻어지는데 극단의 경우 천연 대리석에서 볼 수 없는 색조와 모양까지도 얻게 된다. 현재 인조대리석의 이름으로 시판되고 있는 것은 대부분의 불포화 폴리에스테르계와 열가소성 메틸메타아크릴계의 두 가지 종류인데 유사한 것으로는 PBT가 있다. 인조대리석은 당초 폴리에스테르계가 개발되었고 다음으로 아크릴계가 시장에 출품되었다.

3.12.3 착색기술

종래 천연 암석은 그대로 혹은 소요 크기로 절단 연마하여 사용되었다. 그러나 천연 암석은 암석 자체가 갖는 천연색을 그대로 밖에 사용할 수 없고 색채 선택의 자유성은 전혀 없다는 단점이 있다. 또한 천연 암석에 도료를 바르면 천연색으로서 장점을 살릴 수 없을 뿐만 아니라 암석의 내구성은 반영구적인데 반하여 도료의 내구성은 작은 것으로 알려져 있다. 그리하여 천연 암석의 장점을 손상시키지 않고 색채의 다양성, 폭넓은 색채 선택의 자유를 줄 수 있는 암석의 착색방법이 활용되고 있다. 즉, 화강암의 연마가공 공정에 있어서 연마전의 절삭된 석재를 그 강도를 약화시키지 않고 온도를 100℃ 이하로 가온하여 약 2시간 정치(精置)를 하여 냉각되지 않은 상태에서 침윤조(浸潤槽)에 넣는다. 이 침윤조의 액에 대한 조성은 유기합성 염료 0.5%, 착염 0.1%, 메틸알코올 0.1%, 기타 소량의 계면활성제의 혼합액으로 되어 있다. 약 3시간 정치한 후 빼내어 염료와 고착시키기 위하여 0.01%의 희박염화칼슘으로 세척하고, 다시 비눗물로 온수 세척한다. 석재의 표면은 다공성이고 더욱이 각종 광물의 집합체이므로 물 공기 등이 그 간극에 스며든 것이라고 생각된다. 그것을 가온함으로써 그 일부를 제거하여 침윤했을 때 염색액의 모세관 현상을 용이하게 한다. 또한 산, 알칼리에 의하여 광물표면을 활성화하여 염료와의 화학적 결합을 용이하게 한다. 또한 산, 알칼리에 의하여 광물 표면을 활성화하여 염료와의 화학적 결합을 용이하게 한다. 석재 표면의 착색 심도는 장소에 따라 다르지만 대개 2~3mm 정도이므로 연마 가공으로 탈락되지 않고 돌의 결, 반점 등은 그대로 남고 외견상의 색채 변화에 한하기 때문에 석재 특히 외장재의 용도 확대에 많은 공헌을 하고 있다.

3.13 석재 마감공법

3.13.1 석재 마감공법의 종류

석재 마감 공법은 외부에서 보이는 모습, 모르타르를 사용하는지 여부 즉, 습식과 건식, 조립의 형상에 따라 다음 표와 같이 분류되며 공법의 내용은 4장에서 다루기로 하며 개략적으로 습식은 주로 모르타르를 사용하여 석재와 구조재를 모르타르 주입으로 결합하여 일체화를 꾀한 것이고, 건식공법에는 설치용 철물(앵커, 앵글, 플레이트 사용)로 석재를 구조체에 설치하는 앵커 긴결공법과 석재의 배면에 철근콘크리트를 뒷치기로 일체화한 화강석 P.C공법인 G.P.C.(Granite Veneered Precast Concrete)과 미리 조립된 강제 트러스에 여러 장의 석판재를 지상에서 짜맞춘 후 이를 현장에서 조립식으로 설치해 나가는 강제 트러스 지지공법(Paneling System)이 있다.

〈표 3.29〉 석재 마감공법의 종류

대분류	중분류	소분류	석재형태
외양에 의한 분류	막돌쌓기	모자이크식 막쌓기	자연석
		거친 돌 막쌓기	
		거친 돌 층지어 쌓기	
	마름돌쌓기	다듬돌 막쌓기	다듬은 자연석
		다듬돌 완자쌓기	
		다듬돌 바른층 쌓기	
	판재설치	모르타르에 의한 설치	가공된 판재
		긴결재에 의한 설치	
		트러스(Truss) 및 기타에 의한 설치	
모르타르사용 여부에 의한 분류	습식공법	전체주입공법	가공된 판재
		부분주입공법	
		절충공법	
	건식공법	앵커긴결공법	가공된 판재
		강재 트러스 지지공법	
		판재 끼움 지지공법	
		화강암판 PC(GPC)공법	화강암 판재와 복합체
조립형상에 의한 분류	단일재 방식	습식공법	가공된 판재
		앵커긴결공법	
		강재트러스 지지공법	
		기타공법 - 층별 설치 공법 - 강재를 조립공법과 볼트매입 부재부착공법 - C형 부재를 이용한 조립식 긴결공법 - 지지앵글 조립공법	
	복합재 방식	GPC공법	화강암 판재와 복합체

이들 공법 중 G.P.C.공법과 강제 트러스 지지공법은 주로 고층건물의 외장용으로 쓰이며, 내장공사에는 바닥·벽에는 습식공법이, 벽과 천정 일부에는 앵커 긴결공법이 주로 쓰인다.

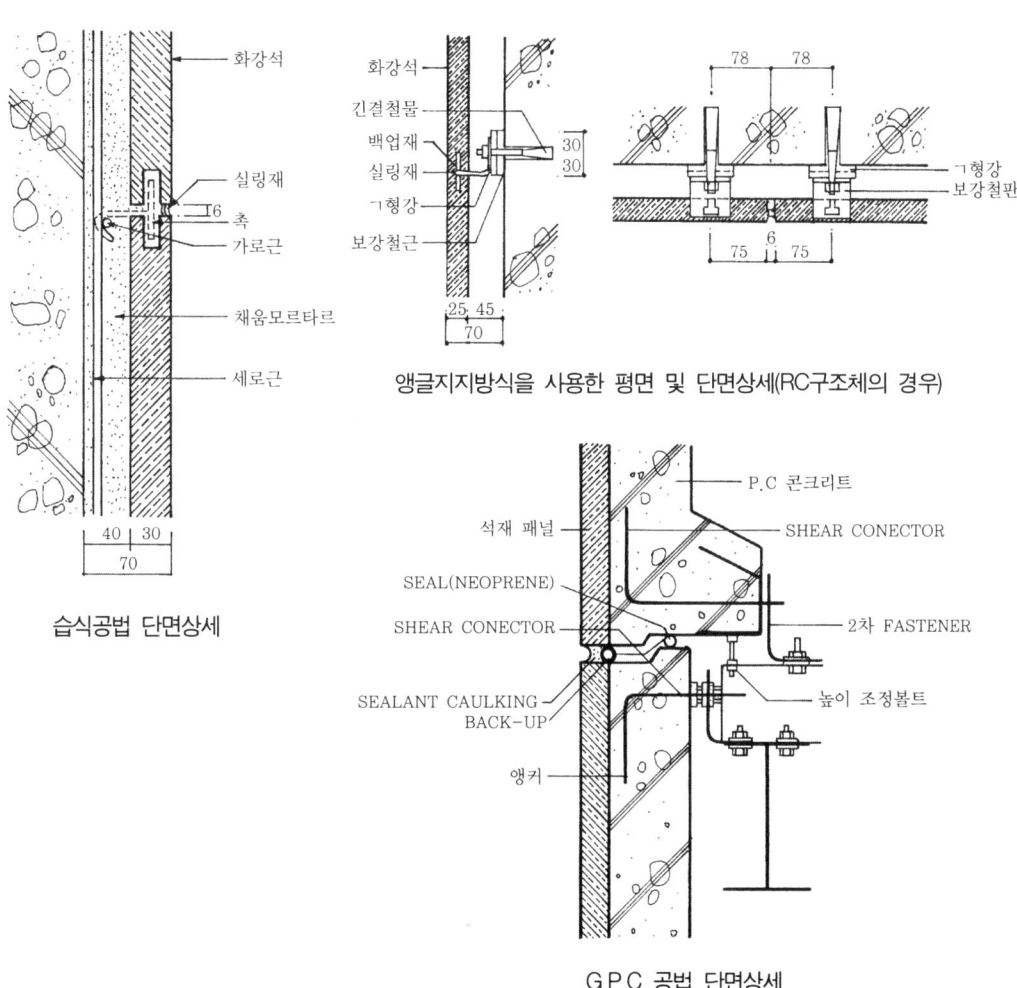

습식공법 단면상세

앵글지지방식을 사용한 평면 및 단면상세(RC구조체의 경우)

G.P.C. 공법 단면상세

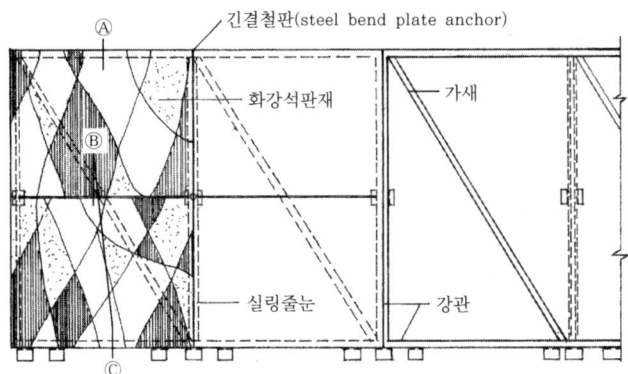

(a) 패널 트러스 입면도

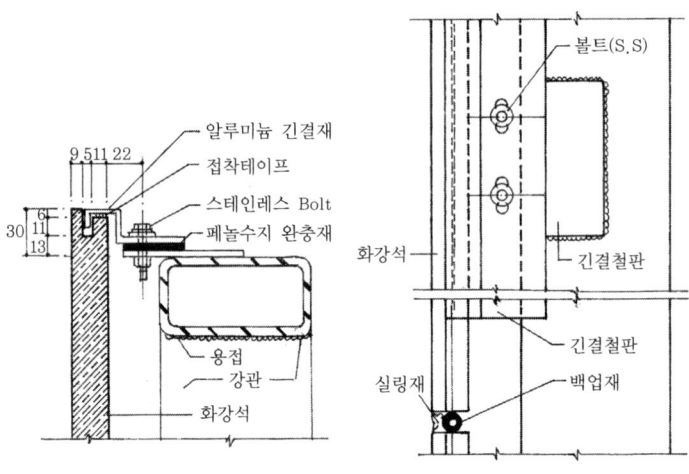

(b) A부분 단면 및 평면상세

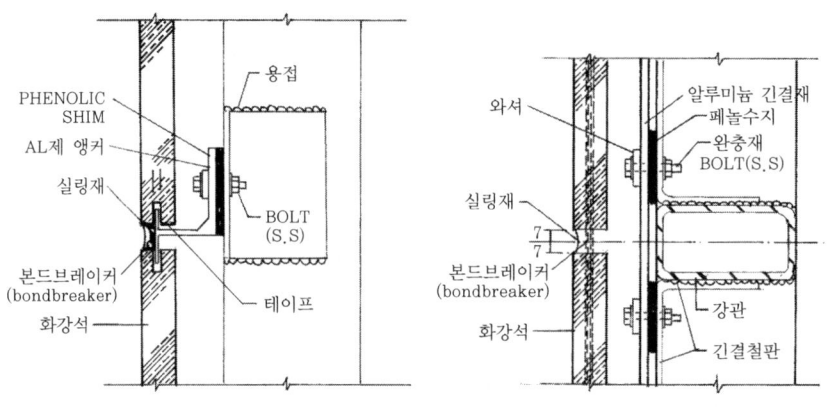

(c) B부분 단면 및 평면상세

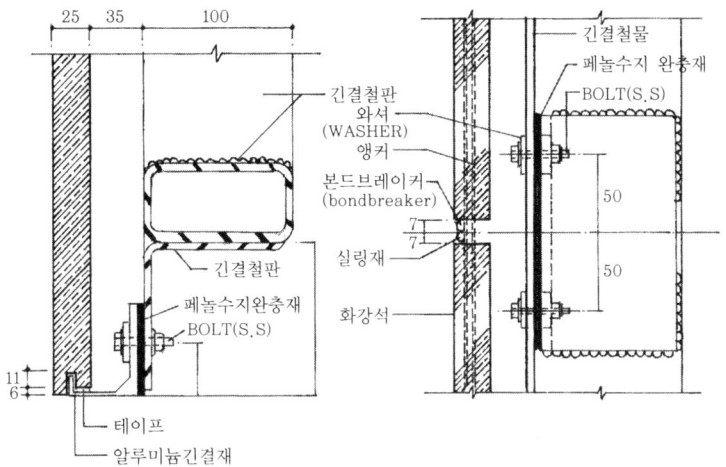

(d) C부분 단면 및 평면상세

〈트러스구조를 이용한 건식공법 예〉

3.13.2 석재 마감공법의 비교(습식과 건식 공법)

석재 마감공법의 습식과 건식의 분류는 시공시 물을 사용 유무로 구분되며 일반적으로 박과 화단벽, 내부 벽체는 습식을 많이 사용하고 있다.

〈표 3.30〉 습식과 건식공법 비교

공법 장단점	습식 공법	건식 공법
장 점	① 공사비가 저렴하다. ② 주택 소규모 건물에 적합하다. ③ 전형적인 석재 지지방법으로 오랜 경험의 배경이 있으며, 고도의 기술을 필요로 하지 않는다. ④ 실리콘이 결합된 버팀시스템 등과 같은 시공법이 개발되고 있어 부재를 최소한 얇게 할 수 있으며 방수도 완벽하게 기할 수 있다.	① 고층 건물에 유리하다. ② 모르타르 경화시간이 필요 없어 공기단축에 유리하여, 이로 인해 노동비를 절감할 수 있다. ③ 모체사이에 공벽이 있으므로 결로방지에 효과적이다. ④ Slip-in Panel System Steel Frame을 이용한 공법 등 새로운 기술이 개발되고 있다.

단 점	① 하중 분산이 안되므로 붙임 면적, 붙임 높이가 큰 건물에는 부적합하다. ② 장기공사에 부적합하다. ③ 수분이 침투될 우려가 있어 백화현상이 일어나기 쉽다. ④ 모르타르 경화시간으로 인해 시공능률이 저하된다.	① 재료의 손실이 많다. ② 강풍시 꽃임쪽 둘레의 파단관계로 인해 석재두께에 한계가 있다. ③ 석재의 특성에 따라서는 이 공법을 채용할 수 없다.

3.13.3 석재 표면 가공처리

1) 손 다듬기(Hand tool finish)

표면가공 방법 중 가장 전통적인 방법으로서 정이나 날망치 등의 타격회수와 날 간격에 따라 마무리 정도가 달라지며 손 다듬기의 종류 및 가공순서는 크게 혹두기, 정다듬, 도드락다듬, 잔다듬이 있다.

2) 갈기 및 광내기(Grinding & polishing treatment)

표면 가공 중 가장 가공시간이 많이 걸리며 가공원가도 높다. 바탕은 켜낸 돌을 기준으로 하여 거친갈기, 물갈기, 본갈기, 정갈기로 나누어진다. 현재 석재가공업체에서는 수동식 갈기보다 3~5배 정도의 많은 양을 처리할 수 있는 대형 자동연마기를 설치하며, 갈 때는 물을 쓰게 되므로 물갈기라 보통 표현하며, 대량생산으로 판재가공원가도 낮아지고 있다.

3) 화염처리(Schorching treatment)

보통 제트 버너 처리(Jet burner treatment)라고 하는데 대리석에는 이용되지 않고 주로 화성암 계열의 표면처리에 이용된다. 분사되는 고열 불꽃에 의하여 독특한 가공면을 형성하며 수동식 조면처리보다 좀더 발전된 가공법으로 가공속도가 대단히 빨라 물량을 단시간에 처리할 수 있기 때문에 대형공사의 마감에 많이 채택되고 있다. 표면이 고르게 거칠어지면서 같은 석종이라도 물갈기면의 색조와 다르게 표현된다.

3.14 국내산 주요 화강암

국내에서 생산되는 건축용 석재는 상당히 우수하며 석종(돌의 이름)은 일반적으로 생산하는 지역의 명칭을 사용하고 있다. 많은 종류의 석종이 있으나 몇 가지만 소개한다.

〈표 3.31〉 국내 주요 화강암 종류 및 특성

		가평석	거창석	고흥석	괴산석
산지		경기도 가평군 하면 산상리	경남 거창군 위천면	전남 고흥군 도화면	충북 괴산군 청천면
색상 및 입자		백색계의 조립자	백색계의 중, 조립자	흑색계의 중립자	핑크색계의 조립자
물성분석	압축강도	1,900kg/cm²	1,381kg/cm²	1,870kg/cm²	2,023kg/cm²
	비중	2.58	2.59	2.82	2.60
	흡수율	0.31%	0.549%	0.256%	0.55%
	마모정도	40	35	25	42
용도		건축용 및 토목용	묘비, 건축, 조각용	묘비, 조각용	건축재
비고		건축용 석재로서 선호도가 높으며, 수출수요도 높다.	백색계의 중립자로 다용도이며 다량생산이 가능하여 안정공급	묘비용으로 선호도가 높다.	핑크색의 조립자 석재로서 건축재로 선호도가 높다.
		일동석	마천석	문경석	상주(핑크)석
산지		경기도 포천군 일동면	경남 함양군 마천면	경북 문경시	경북 상주시 외서면
색상 및 입자		백색계의 조립자	흑색계의 조립자	핑크색계 조립자	핑크색계 조립자
물성분석	압축강도	1,487kg/cm²	1,549kg/cm²	1,863kg/cm²	2,375kg/cm²
	비중	2.60	2.80	2.49	2.67
	흡수율	0.303%	0.15%	0.718%	0.24%
	마모정도	36	29	37	31
용도		건축용 및 토목용	묘비용, 건축용 및 당구대	건축용	건축재
비고		백색계의 건축재로서 선호도가 높다.	흑색계 석재로서 묘비와 건축용 카운터 등에 인기가 있고, 당구대용으로도 쓰인다.	핑크색계의 조립자 석재로서 건축용으로 선호	핑크색계로서 건축재로 선호

		익산석	제주석	포천석	함열석
산지		전북 익산시 낭산면	제주도 북제주군 조천읍	경기도 포천군 일대	전북 익산시 함열읍
색상 및 입자		회색계 중·세립자	흑색계의 현무암	엷은 핑크색계 조립자	회색계 조립자
물성분석	압축강도	1,510kg/cm²	745kg/cm²	1,990kg/cm²	1,690kg/cm²
	비중	2.60	2.53	2.59	2.64
	흡수율	0.337%	1.50%	0.39%	0.29%
	마모경도	32	18	38	34
용도		묘비, 건축용	건축, 토목, 조각용	토목, 건축	묘비용, 건축용
비고		함열, 황등석과 비슷. 다량공급이 가능	일명 곰보돌이라고도 하며 돌에 구멍이 나 있고 아주 가볍다.	서울 근거리 20여개의 채석장이 있어서 다량 생산	다량 공급이 가능

		황등석	후동석	운천석	
산지		전북 익산시 황등면	강원도 춘천시	경기도 포천군 관인면	
색상 및 입자		회색계 조립자	암회색계 조립자	엷은 핑크색계 중·조립자	
물성분석	압축강도	1,780kg/cm²	843kg/cm²	1,590kg/cm²	
	비중	2.63	3.00	2.60	
	흡수율	0.288%	0.10%	0.360%	
	마모경도	35	34	35	
용도		묘비용, 건축용	건축용	건축, 토목용	
비고		다량 공급가능	흑색에 백색 반점이 있어 건축용, 점토 카운터용으로도 쓰인다.	핑크색 건축재로서 다량 생산 가능	

3.15 국내산 주요 대리석

국내산 대리석은 몇 종류 안되며 사용량은 무늬와 색상 다양하지 않아 외국 대리석에 비해 적다.

〈표 3.32〉 국내 주요 대리석 종류 및 특성

		정선 대리석	정선 봉정 대리석	취옥석
산 지		강원도 정선군 북면 유천리	강원도 정선군 임계면 봉정리	충북 청주시
물성 분석	압축강도	1,223kg/cm²	994kg/cm²	1,428kg/cm²
	비 중	2.70	2.67	2.81
	흡수율	0.15%	0.12%	0.32%
	마모경도	11	10	11

3.16 외국산 주요 화강암

외국산 화강석은 색상이 다양하며 고가로 견적과 상세도 작성시 각별한 주의가 요한다.

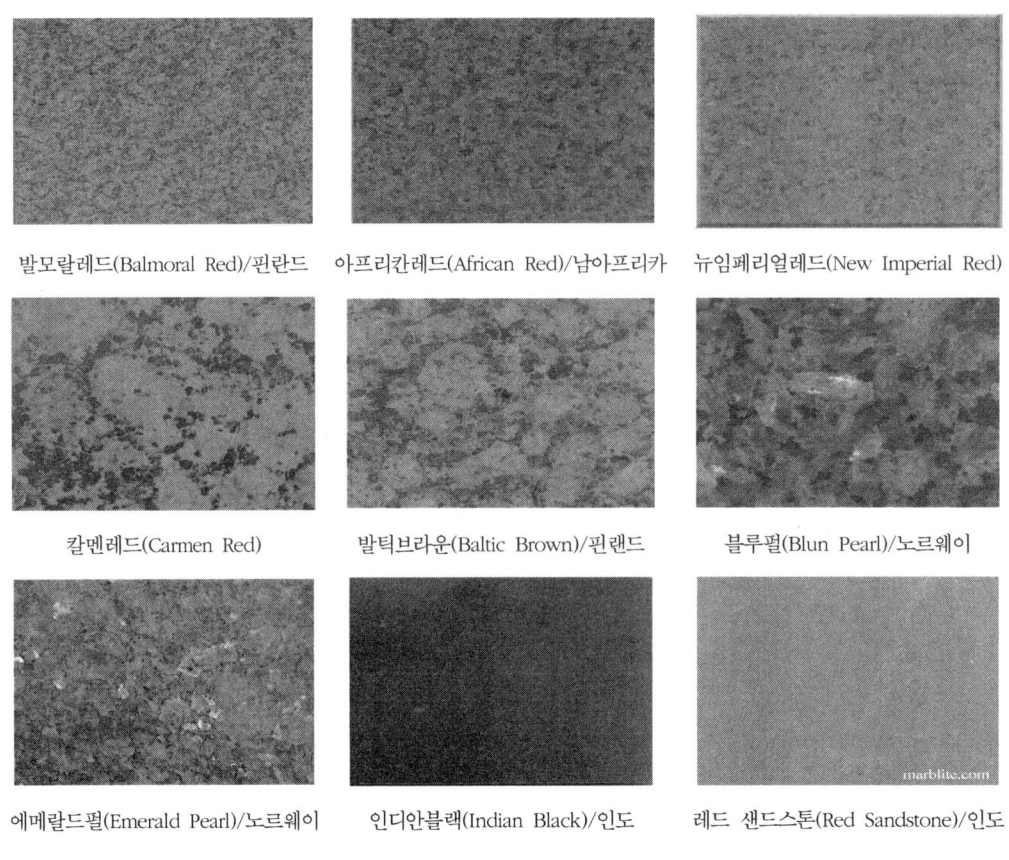

<그림 3.8> 외국산 주요 화강암

3.17 외국산 주요 대리석

외국산 대리석 역시 색상이 다양하며 고가로 견적과 상세도 작성시 각별한 주의가 요한다.

3. 석재 일반 사항 63

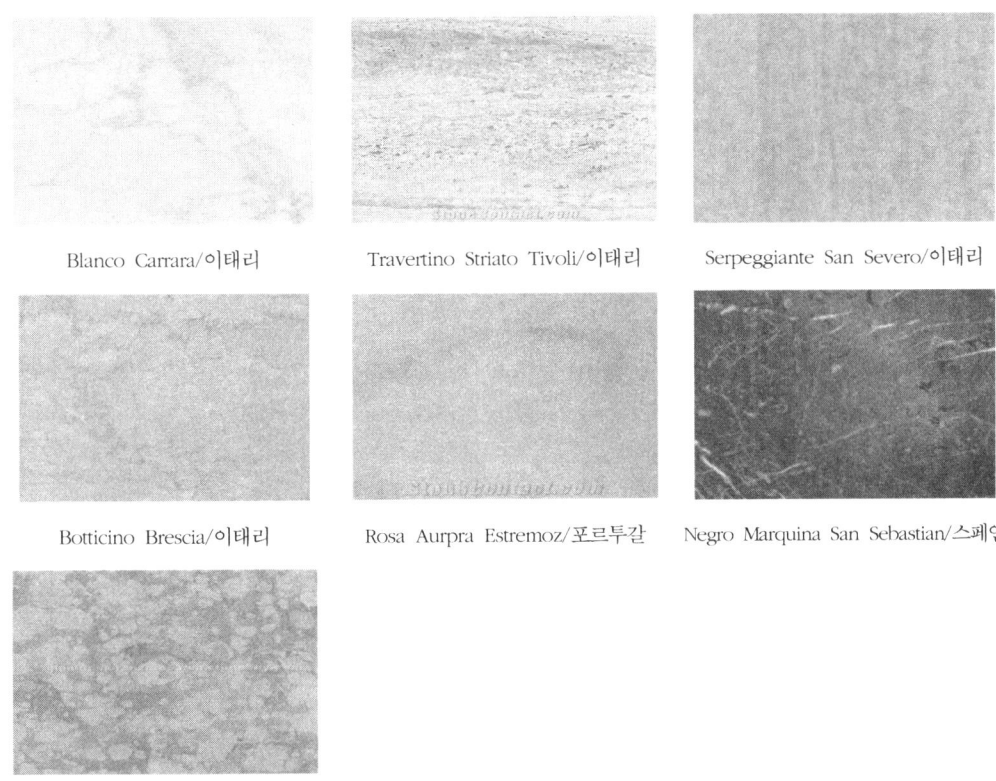

〈그림 3.9〉 외국산 주요 대리석

3.18 석재 제조과정

석재 제조 과정은 먼저 석산에서 여러 종류의 채취 방법으로 가공공장으로 이동하여 Gang Saw나 다엽식 원형톱날로 일정 두께로 절삭, 그 후 연마(물갈기) 또는 버너튀김(화염처리) 등으로 마감처리를 한다.

그리고 상세도에 의거 판재를 절단한다.

석산 : 석재채취

컨츄리크레인 : 원석 이동

gang saw : 절삭

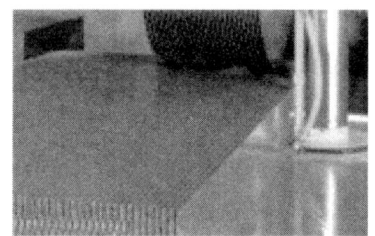
다엽식 톱날 : 원석 절삭

판재표면처리 : 자동연마

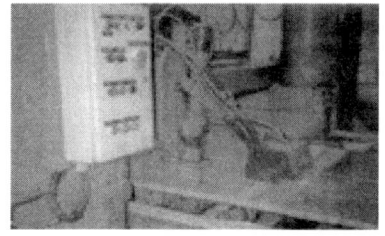
석재표면처리 : 자동버너(화염처리)

측면곡면연마

판재절단(고속 절단)

〈그림 3.10〉 석재제조 과정

04
석공사 각종 공법*

4.1 공법의 분류

석재공법의 분류는 여러 분류로 나눌 수 있지만 몰탈 사용 여부에 의해 분류할 수 있다.

〈표 4.1〉 석재 공법 분류

대 분 류	중 분 류	소 분 류	
몰탈 사용여부	습식공법	전체 주입 공법	
		부분 주입 공법	
	반건식공법	절충 공법	
	건식공법	앙카 긴결 공법	
		유니트공법 (Unit system)	AL. Extrusion system
			TEC system
			NEW TEC system
			FINE system

---

* 본 4장은 2013년 10월 23일 통신으로 저자 동의하에 "석공사 실무기초"(민병태 저. 한국석재신문사/도서출판 도올)에서 발췌 및 보완했음.

			DCT system
			DFP system
			기타 (GPC, Stone panel 등)

4.2 습식공법

4.2.1 바닥 습식공법

　건비빔몰탈(시멘트 : 모래 = 1 : 3)로 바닥면을 고른 뒤 시멘트물(Cement paste)을 몰탈 상부에 뿌린 후 고무망치로 두들겨 시공하는 방법이며 석재와 구체의 공간은 최소 30mm 이상이어야 하고 일반적으로 70mm가 적당하다.

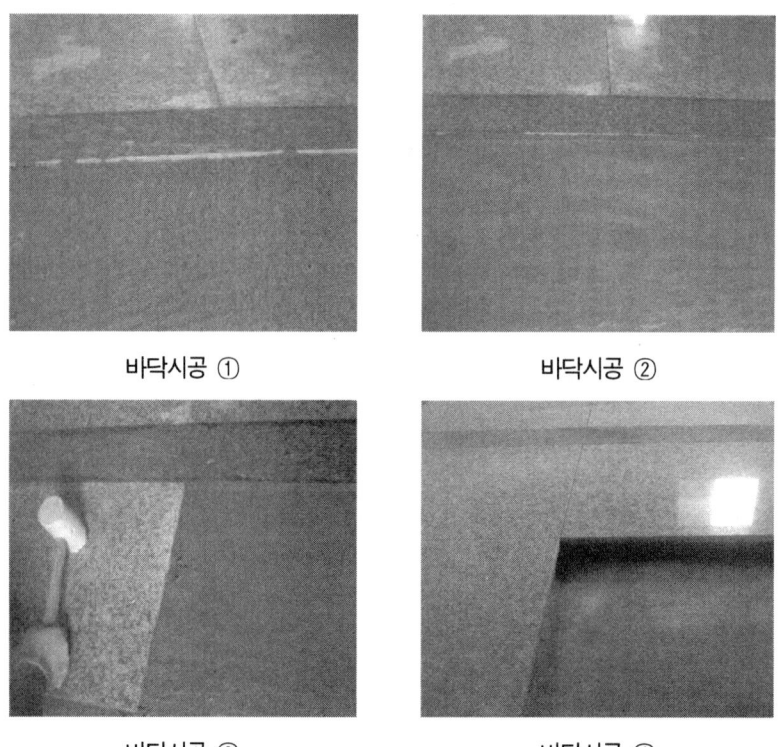

〈그림 4.1〉 습식 바닥 시공

4.2.2 벽체 습식공법

구체와 석재를 황동선 또는 스테인레스 스틸선으로 긴결 후 몰탈(시멘트 : 모래 = 1 : 3)로 채우는 시공방법으로 석재와 구체의 공간은 최소 20㎜ 이상 필요하며 일반적으로 40㎜가 적당하다. 습식공법은 눈, 비로 몰탈이 젖기에 흡수율과 철분을 함유하고 있는 석재에 젖음, 얼룩 녹이 발생될 수 있고 석재의 밀림, 탈락의 원인이 될 수 있다.

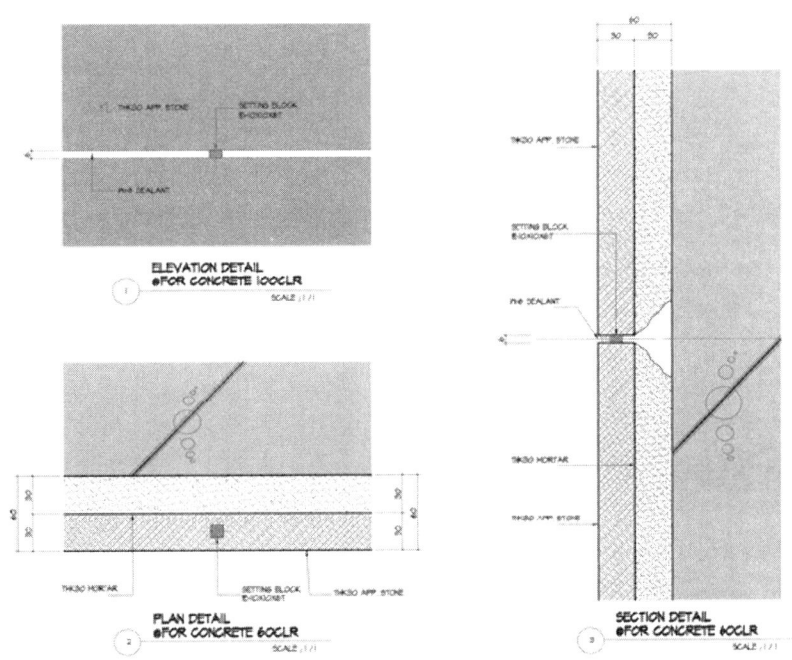

〈그림 4.2〉 벽체 습식 공법

그러나 부득이 습식공법으로 시공할 경우 시멘트 몰탈과 접하는 석재배면 및 마구리면에 석재에 영향을 주지 않는 보호재(발수제) 또는 도포제 처리를 하여 몰탈로 부터 수분이 석재로 스며들지 못하도록 해야 한다.

4.3 반건식 공법

구조체와 석재를 황동선(D4~5mm)으로 긴결 후 긴결철물 부위를 석고(석고 : 시멘트 = 1 : 1) 또는 초속경시멘트(Z-cement) 등으로 감싸 석재를 고정시키는 시공방법이다. 이 공법은 내부벽체의 공간 확보에 유리하므로 석재와 구체와의 공간은 일반적으로 40mm가 적당하다. 그러나 상부석재의 하중이 하부로 전달되기에 측방향의 힘에 약하다. 이 공법은 옹벽부위에 시공하는 공법, 석고보드에 마이너찬넬(Miner chanel) 설치 후 시공하는 공법과 하지철물부위에 시공하는 공법이 있다.

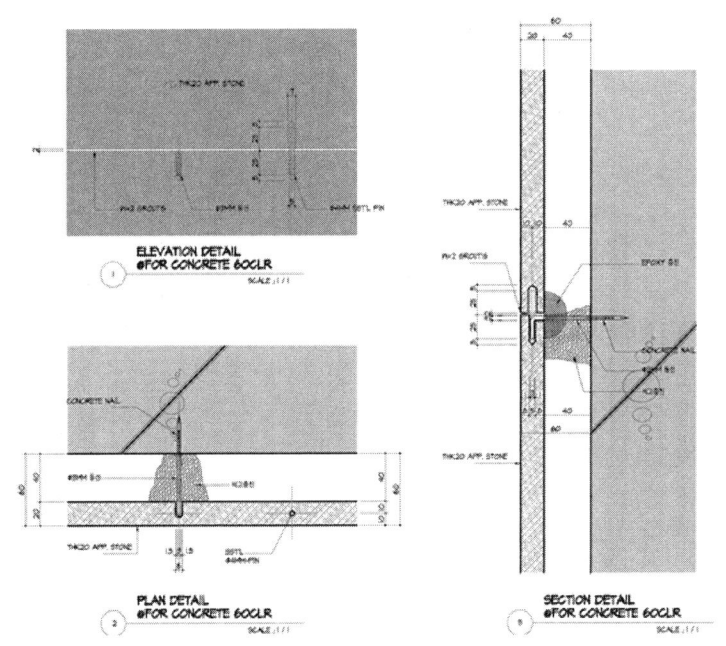

〈그림 4.3〉 반건식 공법

〈그림 4.4〉 반건식 공법 ①

〈그림 4.5〉 반건식 공법 ②

4.4 바닥 건식공법

4.4.1 일반사항

1) 시멘트 몰탈을 사용하는 습식공법은 외부의 경우에 눈, 비 등으로 몰탈이 항상 젖기에 석재가 바로 마르지 않고 젖어있으며 시멘트의 화학변화 등으로 인하여 석재가 얼룩, 백화, 녹 등이 발생되어 미관을 손상시킨다. 또한 습식공법은 트랜치 및 바닥 배수구가 노출되고 배수 경사로 인하여 바닥이 경사지게 되어, 미관 및 공간 활용도에서 떨어진다.
2) 바닥 건식공법은 차량이 다니지 않는 주요부위 바닥(중정, 테라스, 발코니 등)와 주변에 항상 물이 흐르는 외부바닥과 구체와 석재의 공간 확보가 필요한 곳(선, 파이프 등)에 적당하다.
3) 바닥 건식공법을 위하여 석재의 두께는 40㎜ 이상으로 사람, 물건들이 이동할 때 파손되지 않도록 하고 일정한 두께를 유지해야한다.

4.4.2 파이프 바닥 건식 공법

바닥면에 석재나누기 먹 작업을 한 뒤 몰탈 또는 콘크리트로 채워진 파이프(Pvc Pipe D150㎜)를 수평레벨에 맞추어 고정한 뒤 네오프랜(Neoprene) 재질의 Filler로 석재의 충격흡수와 미세한 레벨 조정을 위하여 석재하부(파이프 위)에 설치한다. 그리고 석재와 석재의 간격을 유지하기 위하여 네오프랜 재질의 줄눈용 십자형 심패드(Shim pad)를 설치한다.

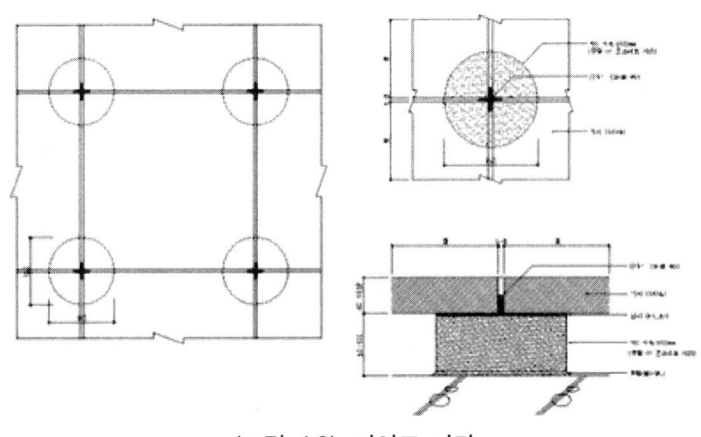

〈그림 4.6〉 파이프 바닥

4.4.3 앙카(Anchor) 바닥 건식 공법

바닥면에 석재나누기 먹 작업을 한 뒤 두개의 스텐레스 스틸 앵글(Stainless angle)을 사용하여 높낮이를 조정하고 수평레벨을 맞춘 뒤 네오플랜(Neoprene) 재질의 Filler로 석재의 충격흡수와 미세한 레벨 조정을 위하여 석재하부(앵글 위)에 설치한다. 그리고 석재와 석재의 간격을 유지하기 위하여 네오플랜 재질의 줄눈용 심패드(Shim pad)를 설치한다.

〈그림 4.7〉 앙카 바닥 건식공법

4.4.4 패디스탈(Pedestal) 바닥 건식 공법

스크류잭 페디스탈 시스템(Screwjack Pedestal system)을 사용하여 최저 17㎜에서 최고 700㎜까지 높낮이 조절이 가능하고 경사조절 5%까지 가능한 시공방법이며 가격이 비싸다.

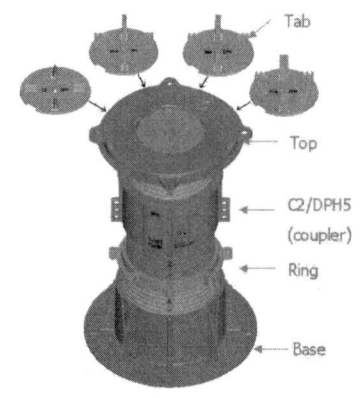 

〈그림 4.6〉 페디스탈 바닥 건식공법   〈그림 4.9〉 페디스탈 바닥 건식공법

4.5 벽체 건식 공법

4.5.1 일반사항

건물 구조체에 앙카철물(STS304)을 사용하여 석재를 긴결하는 방법으로 벽체 습식공법에서 언급되었던 젖음(습윤), 얼룩, 녹 등의 문제를 해결하고 석재 고유의 특성을 그대로 살릴 수 있다. 또한 석재공간의 외단열(스티로폼, 그라스울 등)로 단열효과를 높일 수 있다. 벽체 건식 공법의 종류에는 옹벽 앙카 긴결 공법과 트러스 앙카 긴결 공법 등이 있다.

4.5.2 옹벽 앙카 긴결 공법

건물의 구조체인 콘크리트 옹벽에 **앙카철물**을 사용하여 석재를 긴결 하는 공법이다.

1) 콘크리트 옹벽에 D14mm의 드릴(Drill bit)로 40mm정도 깊이의 구멍을 천공한 뒤 E/P볼트(Expansion power Bolt, Tapper Bolt)와 캡(Cap)을 삽입하고 핸드펀치로 콘크리트 면까지 박아 넣는다.
2) 고정된 E/P볼트(데파볼트)에 앵글(Angle)과 와샤(Washer), 심패드(Shim Pad)를 끼우고 앵글을 상하 조정하여 너트로 고정시키고 힘껏 조여서 하중을 받을 때 처짐이 없도록 한다.
3) 앵글에 조정판(Plate)을 연결하고 근각 볼트와 너트, 와샤를 끼운 뒤 조정판을 앞 뒤 조정하여 너트를 고정시킨다.
4) 조정판 끝의 핀(Pin)을 석재에 끼우기 위해 핀 구멍을 정확히 천공해야 한다.
5) 조정판은 하부의 석재와 떨어져 상부의 석재 하중이 하부에 전달되지 않아야 한다.

72 석공사 입문

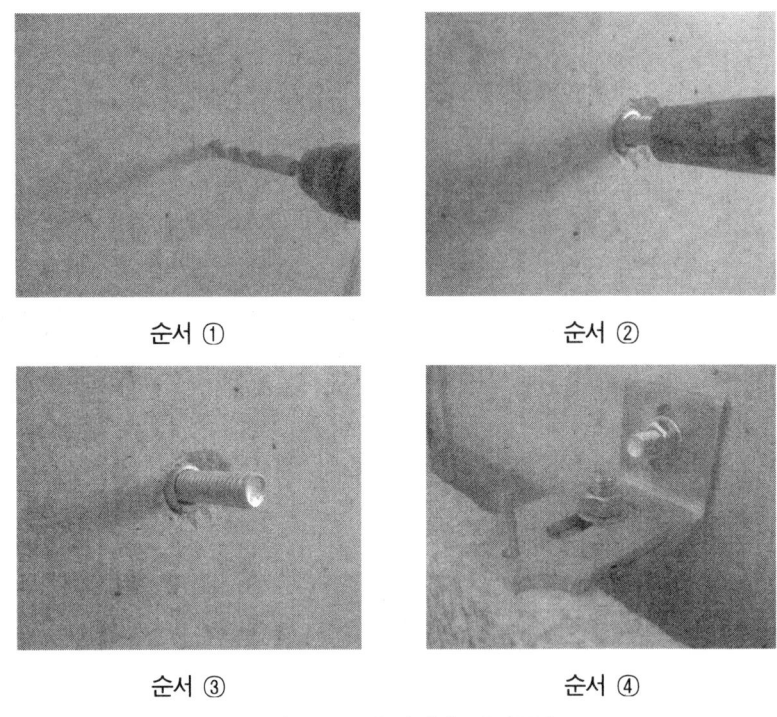

순서 ①   순서 ②

순서 ③   순서 ④

〈그림 4.10〉 옹벽앙카 긴결공법

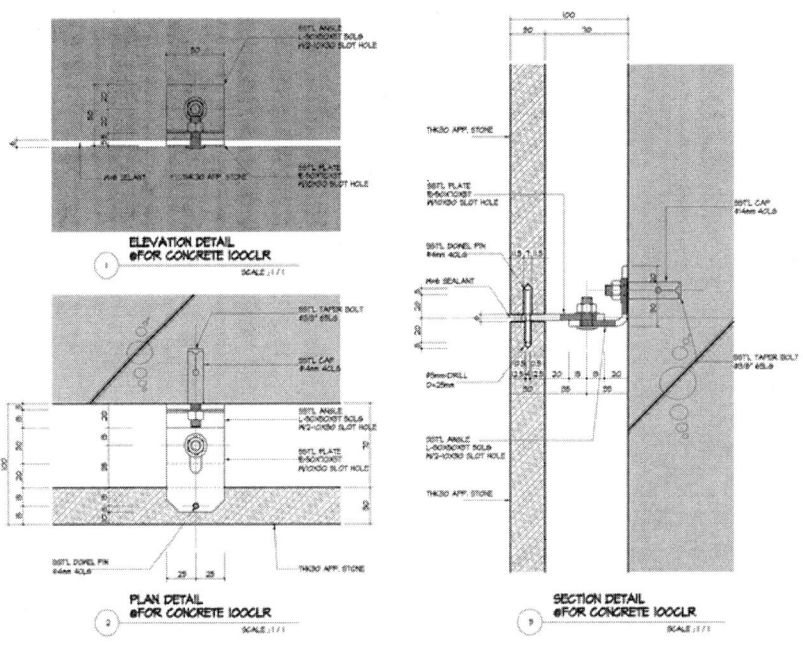

〈그림 4.11〉 앙카 긴결 공법

4.5.3 트러스 앙카 긴결 공법(강재 트러스 공법)

건물의 구조체에 철제 트러스(Steel truss, Back frame)를 현장 또는 공장에서 조립, 제작, 설치한 뒤 앙카철물을 사용하여 석재를 긴결 하는 공법이다.

1) 수직재는 주로 각 파이프를 사용하고 수평재는 C형강 또는 L형강을 사용한다. 이 수평재에 앵글(Angle)과 와샤(Washer), 심패드(Shim Pad)를 끼우고 앵글을 상하 조정하여 너트로 고정시키고 힘껏 조여서 하중을 받을 때 처짐이 없도록 한다.
2) 앵글에 조정판(Plate)을 연결하고 근각 볼트와 너트, 와셔를 끼운 뒤 조정판을 앞뒤 조정하여 너트를 고정시킨다.
3) 조정판 끝의 핀(Pin)을 석재에 끼우기 위해 핀 구멍을 정확히 천공해야 한다.
4) 조정판은 하부의 석재와 떨어져 상부의 석재하중이 하부에 전달되지 않아야 한다.

〈그림 4.11〉 트러스 앙카 긴결 ①

〈그림 4.12〉 트러스 앙카 긴결 ②

〈그림 4.13〉 트러스 앙카 긴결 ③

〈그림 4.14〉 트러스 앙카 긴결 ④

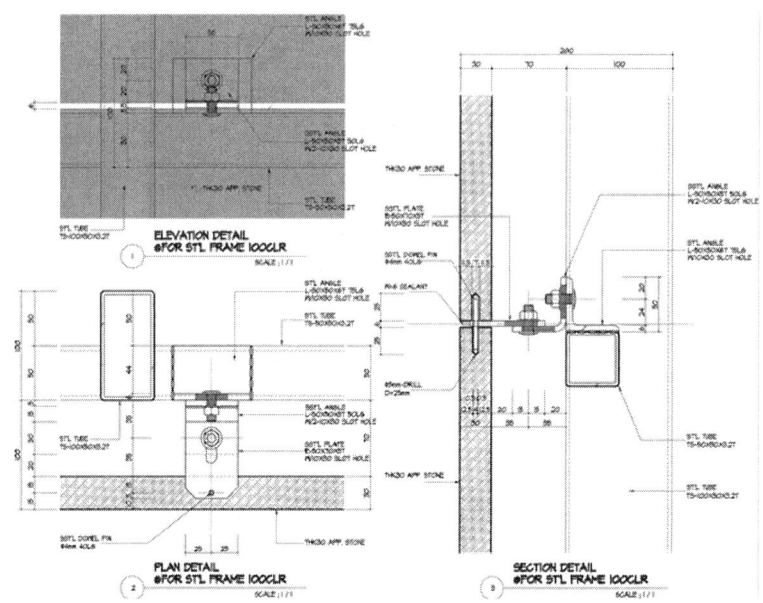

〈그림 4.15〉 트러스 앙카 긴결 공법(강재 트러스 공법)

4.6 유니트(UNIT SYSTEM) 공법

4.6.1 일반사항

유니트(Unit)화된 구조체(Back frame 등)에 석재를 공장 또는 현장의 에서 시공한 뒤 구조체와 일체화 된 유니트 석재 판넬(Unitized Stone Panel)을 인양장비(Tower Crane 등)를 사용하여 조립식으로 설치해 나가는 공법을 유니트 공법(Unit system)이라 한다. 특별히 건축공사 표준시방서 석공사의 건식석재공사에서는 미리 조립된 강재트러스에 여러 장의 석재 판재를 지상에서 짜맞춘 후 이를 조립식으로 설치해 나가는 공법을 **강재 트러스 지지공법**이라 하였다.

강재 트러스 지지공법도 유니트공법(Unit system)이며 석재를 긴결하는 화스너(Fastener)의 재질에 따라 알루미늄(Aluminium) 강재 트러스지지 공법, 스테인레스(STS) 강재 트러스 지지공법으로 나뉜다.

그리고 상호를 사용하고 있는 유니트공법(Unit system)들은 연결철물 부위의 대부분이 특허, 실용신안 또는 신기술로 지정되어 있으며 문제점에 대한 기술의 보완 및 개선으로 지속적으로 시공되는 공법도 있으나 경제성, 시공성, 구조적인 이유 등으로 사라지고 있는 공법도 많다.

4. 석공사 각종 공법 75

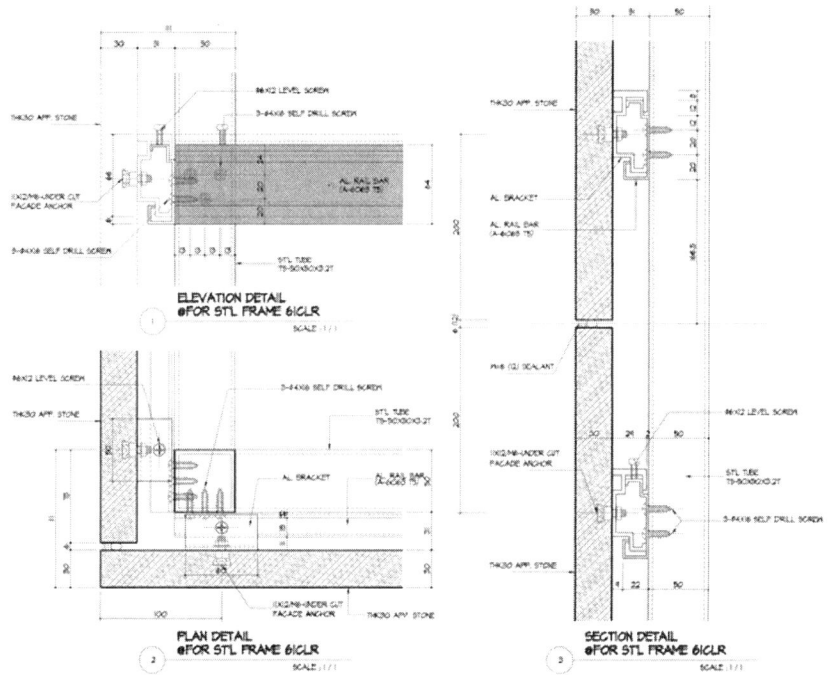

〈그림 4.16〉 유니트 공법

〈그림 4.17〉 유니트 판넬 현장 설치

〈그림 4.18〉 유니트 판넬 조립 공정

4.6.2 AL. EXTRUSION SYSTEM

1) 석재의 마구리면인 두께 쪽에 연속적으로 홈을 파서 알루미늄(Aluminum) 재질의 연속 또는 단속 브라켓(Bracket)으로 석재를 긴결하는 공법이다. 그리고 스텐레스 스틸(Stainless Steel) 재질의 브라켓(Bracket)을 사용하여 석재를 긴결하는 공법은 STS. EXTRUSION SYSTEM이라 한다.

2) Metal Frame과 석재의 모든 공정은 현장 제작용 작업대(Jig)에서 제작하고 유니트(Unit) 석재 판넬(Panel)을 작업대에서 수평 이동시킨 뒤 타워크레인(Tower Crane) 또는 양중 호이스트(Hoist)로 수직 이동하여 조립식으로 설치한다. 이 공법을 석공사 표준시방서에서는 강재트러스 지지공법이라고 유니트(Unit) 공법 일반사항에서 언급했다.

3) AL. EXTRUSION SYSTEM의 형태와 상세도는 다음과 같다.

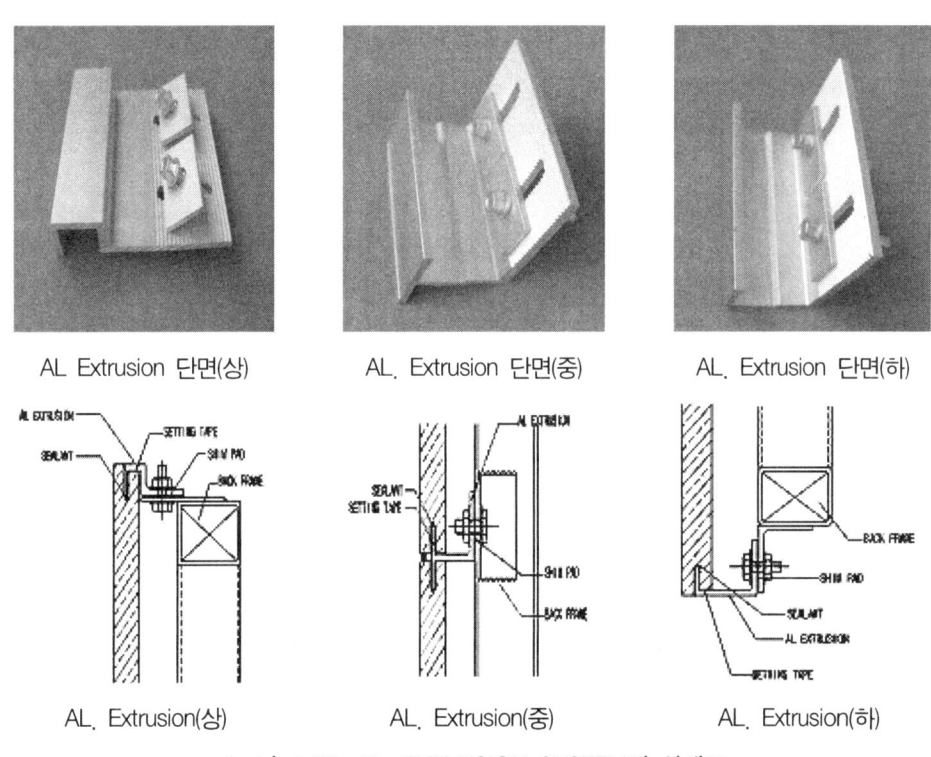

〈그림 4.19〉 AL. EXTRUSION SYSTEM의 상세도

〈그림 4.20〉 제작용 작업대(Jig)

4.6.3 기타 공법(SYSTEM)

1) G.P.C(Granite Veneered Precast Concrete)

G.P.C공법은 PC(Precast Concrete)공법에 화강석(Granite)을 붙인 공법을 말한다. 이 공법은 공장에서의 많은 작업공정, 파손 시 교체가 어려운 점, 중량물 등의 이유로 많은 개선 및 보완이 있었음에도 현재는 거의 시공하지 않는 공법이다.

2) STONE PANEL

STONE PANEL공법은 석재두께 5~10㎜의 판재를 우레탄폼 판넬, 고강도 유리섬유, 접착제 등으로 접착, 조립한 판넬형 공법이다. 이 공법도 현재는 시공되지 않는 공법이다.

4.7 유니트공법(UNIT SYSTEM)과 스틱공법(STICK SYSTEM)의 비교

유니트(Unit)된 구조체(Back frame) 등에 석재를 공장 또는 현장의 지상에서 시공한 뒤 구조체와 일체가 된 유니트 석재 판넬(Unitized Stone Panel)을 인양장비(Tower crane 등)를 사용하여 조립식으로 설치해 나가는 공법을 유니트 공법(Unit system)이라하고 구조체에 현장에서 외부 비계 또는, 곤도라(Gondora), 워크 플레이트(Work platform) 등을 사용하여 석재를 한장 한장 직접 시공하는 공법을 스틱공법(Stick system)이라 한다.

<표 4.2> 유니트공법과 스틱공법 비교

	현장직접시공법 (Stick system, Hand setting Job set installation)	현장Jig제작, 설치시공법 (Unit system, pre-assembled panel on jig)	공장제작, 설치시공법 (Unit system, Pre-assembled unit on factory)
공법	트러스 앙카 긴결공법	AL. Extrusion system	TEC, NEW TEC FINE DCT, DFP GPC
장점	- 변형이 없고 흔들림에 강하다. - 독립구조이므로 처짐에 강하다. - 저층부등 복잡한 시공에 적합하다. - 가격이 저렴하다.	- 변형이 없고 흔들림에 강하다. - 공기를 단축시킬 수 있다. - 풍압 등 충격에 안전한 구조설계로 되어 있다. - 현장Jig대에서 품질관리로 우수한 품질을 유지할 수 있다.	- 공장제작으로 현장 조립장이 필요 없다. - 공기를 단축할 수 있다. - 사전공장생산이 가능하다. - 공장에서 품질관리로 우수한 품질을 유지할 수 있다.
단점	- 외부비계 또는 가설 장비(곤도라 또는 워크플레이트 등)가 필요하다. - 우기 등 기후로 인하여 공정에 영향을 받는다. - 현장시공 인원이 증가된다. - 비계에서의 안전작업에 주의해야한다.	- 현장 Jig 작업장이 필요하다. - 양중설치장비(타워크레인 등)가 필요하다. - 판넬 및 층간 신축이음이 필요하다. - 현장 직접시공법보다 고가이다.(10~15%)	- 경량재 사용으로 변위가 우려된다. - 에폭시의 과다사용으로 변색이 우려된다.(TEC) - 양중설치장비(타워크레인 등)가 필요하다. - 현장 직접 시공법보다 고가이다.(10~20%)

4.8 오픈 조인트(Open joint)공법

4.8.1 일반사항

1) 오픈 조인트(Open joint)공법은 건축물의 외벽이 줄눈(Joint) 실란트(Sealant)의 열화로 인하여 석재가 오염되는 것을 없애고 실란트(Sealant)의 노후화로 누수가 발생될 수 있는 요인을 사전에 방지하기 위한 공법이다.

2) 오픈 조인트(Open joint) 공법은 등압(Air pressure egualization) 이론을 기초로 하여 만들어진 것으로 이를 충족하기위한 기본 요소는 공기의 유·출입을 완전히 차단시키는 Air-tightening 기능의 레인 스크린(Rain screen)과 외부로 열린 공기방 즉 등압 공간(Air chamber), 단열재(Insulation), 내부 방습막(Vapour barrier)으로 기밀을 유지 할 수 있어야 한다.

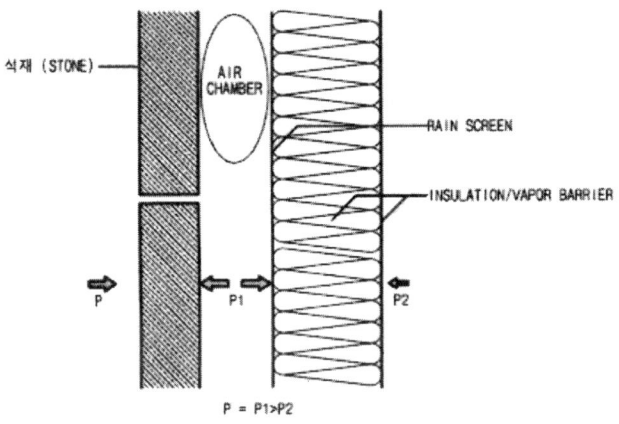

〈그림 4.21〉 등압이론 기본요소

3) 석재 Back frame은 내식성 재질로 구성되어야 한다. 내식성 확보를 위하여 알루미늄(Aluminum) 또는 스텐레스 스틸(Stainless Steel)재질로 구성된 구조물이거나 아연 용융도금(Hot dip galvanized steel)된 Prefabricated back structural unit frame으로 석재 Back frame을 구성해야 하는 것이 좋다.

4) 오픈 조인트(Open joint)공법은 기밀성의 유지(Control of air and water leakage), 결로의 방지(Condensation control), 차음기능(Noise control), 단열기능(Thermal resistance) 등을 확보해야하고 높은 시공 정밀도를 요구한다.

5) 오픈 조인트(Open joint)공법은 시공방법, 시공위치, 재질 등에 있어서 여러 각도로 설계될 수 있으며 현재도 계속적으로 기술 검토, 기술개발 되고 있는 공법이다.

4.8.2 오픈 조인트(Open joint)용 연결철물

오픈 조인트(Open joint)용 연결철물은 오픈 된 줄눈으로 연결철물이 보이지 않고 구조적으로 해결 된 여러 종류의 연결철물이 있다.

1) FZP 앙카(Anchor)

독일의 Fischer werke사의 앙카로 판재의 배면에 Under-cut hole drilling의 구멍을 뚫어서 앙카의 잠김 고정 작용(앙카 바닥부의 확장 링이 벌어져 펴짐)으로 판재에 고정되어 석재와 구조체를 연결한다.

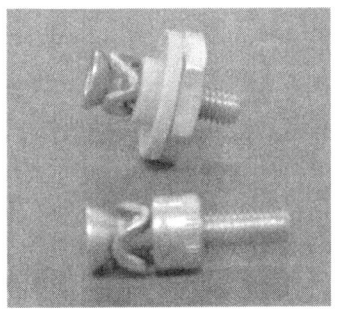

〈그림 4.22〉 FZP 앙카

2) DCT 앙카(Anchor)

독일의 Keil사의 앙카로 판재의 배면에 Under-cut hole drilling의 구멍을 뚫고 확장 캡이 벌어져 잠김 고정 작용으로 판재에 고정되어 석재와 구조체를 연결한다.

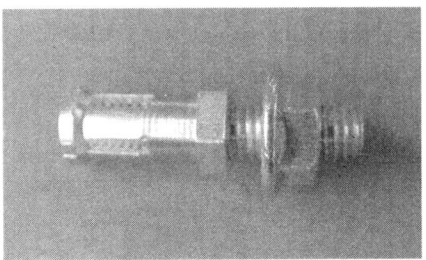

〈그림 4.23〉 DCT 앙카

3) E.P. 앙카(Anchor)

JW사의 앙카로 판재의 배면에 Under-cut hole drilling의 구멍을 뚫고 긴결볼트의 원추형 캡이 확장되어 빠지는 것을 방지하는 잠김 고정 작용으로 판재에 고정되어 석재와 구조체를 연결한다.

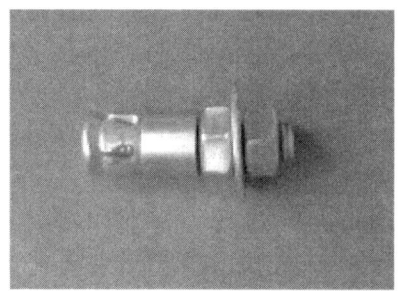

〈그림 4.24〉 EP 앙카

4) DFP 앙카(Anchor)

DS사의 Spring 앙카로 판재의 배면에 Diamond-tipped drilling tool의 편심기술을 통하여 Under-cut hole drilling으로 판재에 고정되어 석재와 구조체를 연결한다.

〈그림 4.25〉 DFP Anchor

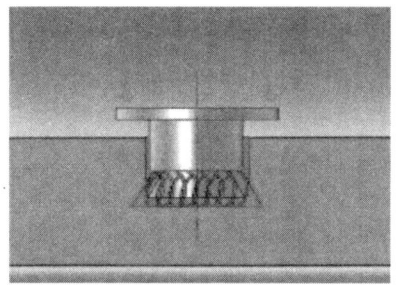

〈그림 4.26〉 DFP Spring

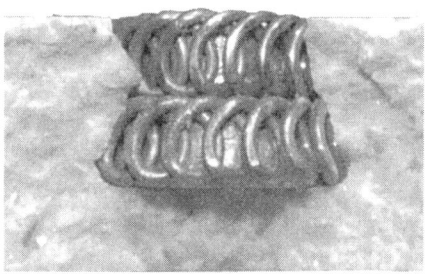

〈그림 4.27〉 DFP Spring

5) 그립형(Grip Type) 브라켓(Bracket)

알루미늄 재질의 브라켓으로 석재의 상부 브라켓은 자중과 풍하중을 분담하며 하부 브라켓은 풍하중만을 분담한다.

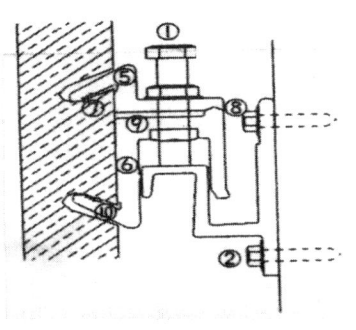
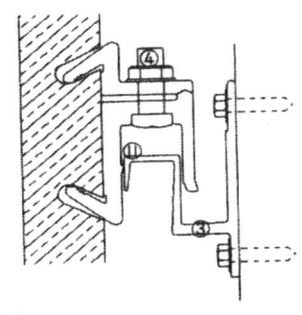

〈그림 4.28〉 그립형 상부 브라켓   〈그림 4.29〉 그립형 하부 브라켓

6) AL. Extrusion 화스너(Fastener)

알루미늄 재질의 브라켓으로 석재의 두께 쪽에 홈을 파서 석재와 구조체를 연결하며 오픈줄눈에서 브라켓이 보이지 않도록 상·하 두 줄로 한다.

〈그림 4.30〉 AL. Extrusion Bracket

4.8.3 오픈 조인트(Open joint)용 앙카구멍뚫기

1) 석재 배면 부위에 Under-cut hole drilling의 구멍을 뚫어 시공하는 오픈조인트용 연결철물은 FZP앙카, DCT앙카, EP앙카, DFP앙카 등이 있다.

2) 판재에 Under-cut Facade Anchor의 사용으로 기존 공법에 비하여 인발 저항력이 4배 이상 향상 되었다. 화강석의 경우에는 인발력이 600kgf/m^2 정도가 된다.

〈표 4.3〉 풍하중에 대한 안정성 검토

구분	풍압	풍속	비고
정압	+ 100 kgf/m²	40 m/s	
부압	- 100 kgf/m²		
정압	+ 400 kgf/m²	80 m/s	태풍매미 국내풍속; 60m/s/sec (국내최대치)
부압	- 400 kgf/m²		
정압	+ 600 kgf/m²	98 m/s	
부압	- 600 kgf/m²		

3) 오픈조인트용 앙카의 판재 한 장당 Under-cut hole drilling의 숫자는 하부에는 2개, 상부에는 2개 또는 1개를 기본으로 한다.

〈그림 4.31〉 구멍 뚫는 기계 ①

〈그림 4.32〉 구멍 뚫는 기계 ②

〈그림 4.33〉 Under-cut driling

〈그림 4.34〉 Under-cut moving

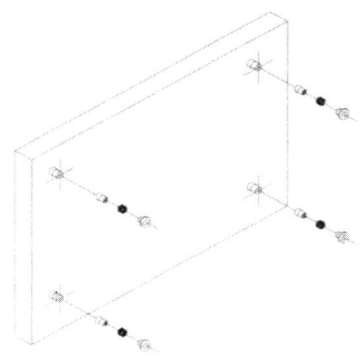

〈그림 4.35〉 Under-cut hole

4.8.4 콘크리트 옹벽의 오픈 조인트(Open joint) 주요구성요소

콘크리트(Concrete) 옹벽에 시공되는 오픈 조인트(Open joint) 공법은 열려있는 창호 후레임 주위에 공기의 유·출입을 완전히 차단시키는 Air-tightening 기능으로 기밀성을 확보해야한다.

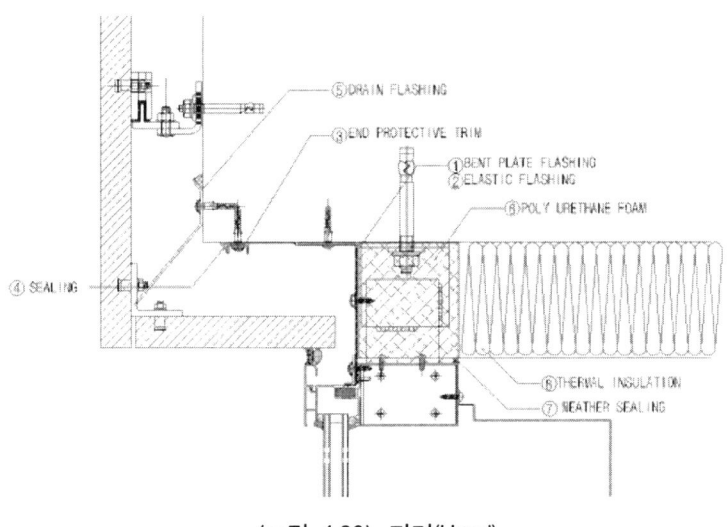

〈그림 4.36〉 단면(Head)

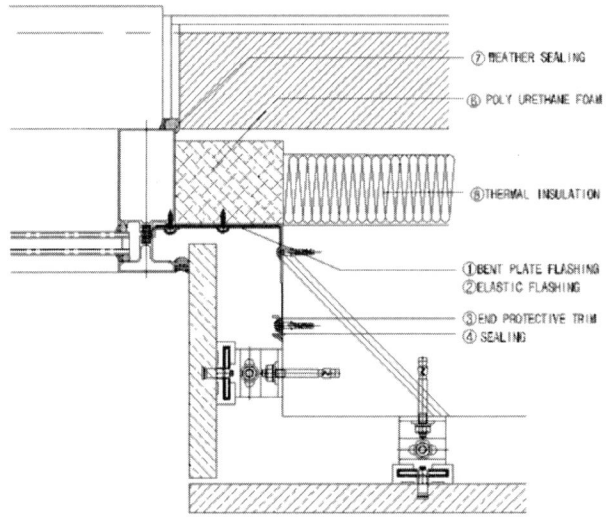

〈그림 4.37〉 단면(Jamb)

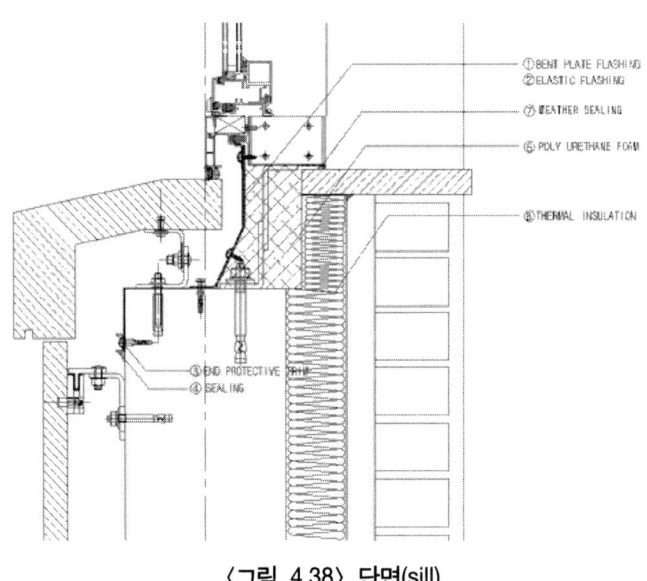

〈그림 4.38〉 단면(sill)

1) Bent plate flashing은 두께 1.0mm이상의 아연도 강판(Steel sheet Galv.)이며 적당한 길이로 절곡하여 한면(ㄱ자형 30×100)은 콘크리트 옹벽에 고정시키고 다른 한면(ㄱ자형 10×50~100)은 창호주변의 공간이 일정하지 않으므로 폭을 조정할 수 있도록 한 다음 창호 후레임에 고정하여 1차 차수막(Rain screen)을 설치한다. 이때 콘크리트 옹벽과 창호 후레임에 고정되어 중첩된 부위

는 스크류(Screw)로 고정시키고 강판과 강판의 코너 이음 부위와 강판과 이질재가 만나는 부위는 실란트(Sealant)로 씰링(Sealing)한다.

2) Elastic flashing은 두께 1.0mm의 일면 알루미늄 호일 자착식(Self adhensive) 부틸쉬트(Butyl sheet) 또는 EPDM(Elastomeric Propylene Diene Monomer)과 같은 차수성능이 우수하며 내구성이 좋은 재료를 연속적으로 Bent plate flashing보다 넓게(50~150mm) 부착하여 창호주변의 1차 차수막(Rain screen)에 Air-tightening 기능을 확보한다. 그리고 Sill 부위의 Elastic flashing은 콘크리트 창 하부면을 완전히 덮어 벽면까지 내려서 물이 고여 콘크리트가 젖지 않도록 한다.

또한, 차수관련 조건들이 까다로워 기밀성을 확보하기 어려운 경우에는 아연도 강판(Steel sheet Galv)의 내부면에 폴리우레탄 스프레이 코팅(Polyurethane elastomeric coating)으로 분사하여 미세한 구멍을 완벽하게 막아 공기의 유·출입을 완전히 차단시키는 2차 Air-tightening 기능으로 기밀성을 완벽히 확보해야 한다.

3) End protective trim은 콘크리트 옹벽부위와 창호 후레임 부위에 부착한 부틸쉬트(Butyl sheet) 끝부분에 고정몰딩(Trim: ㄷ자형 10×20×10)으로 고정한다. 이것은 먼지 등의 이물질로 탈락되거나, 이물질로 인한 열팽창이 다르므로 쉬트가 탈락될 수 있기에 고정시킨다. 또한 고정몰딩을 고정한 스쿠류(Screw) 부위는 실란트(Sealant)를 시공한다.

4) Sealing은 실란트(Sealant)를 사용하여 쉬트 부착 후 이질재(콘크리트, 창호 후레임)와 만나는 부위에 고정시킨 Trim의 한쪽 면을 시공(Sealing) 하는 것으로 이것은 이질재와 부틸쉬트 사이로 스며들 수 있는 공기의 유·출입을 완전 차단시키는 것이다.

5) Drain Flashing은 스텐레스 또는 알루미늄을 적당한 길이로 절곡하여 콘크리트옹벽에 고정한 뒤 실링(Sealing) 처리하여 벽체를 타고 침투한 빗물을 Drain flashing을 통해 배출 되도록 한다.

6) Poly Urethane Foam은 부착력(2.0kg/㎠), 전단 및 압축강도(1.8kg/㎠)가 있고 단열기능(Thermal resistance), 차음기능(Noise control)이 있으며 단열재(Thermal insulation)와 함께 시공한다.

7) Weather Sealing은 내부의 공기가 빠져 나갈 수 있는 이질재(창호 후레임)와의 조인트를 실란트(Sealant)로 시공한다.

8) Thermal Insulation은 방습막(Vapour barrier)이 부착된 재료로 하여 기밀을 유지할 수 있도록 연속적으로 설치한다.

4.8.5 Back frame의 오픈조인트(Open joint) 주요구성요소

Back frame의 구조체에 시공되는 오픈 조인트(Open joint) 공법은 콘크리트 옹벽과 달리 외벽의 건축적 기능이 복잡하여 근본적으로 공기의 유·출입을 완전히 차단시켜 Air-tightening 기능으로 기밀성을 확보해야 한다.

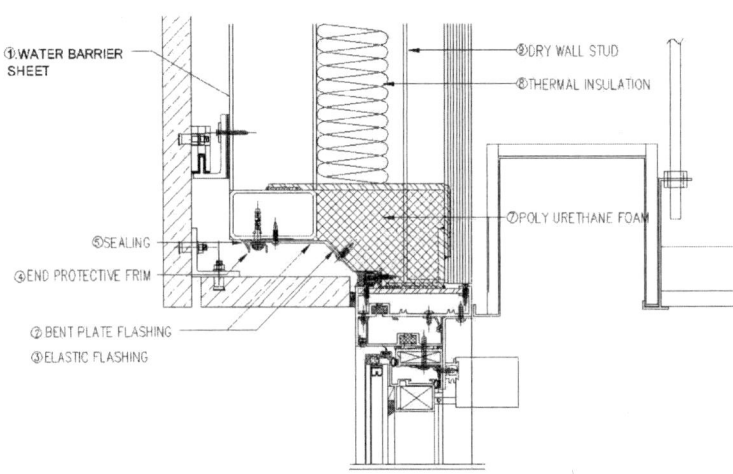

〈그림 4.39〉 단면(Head)

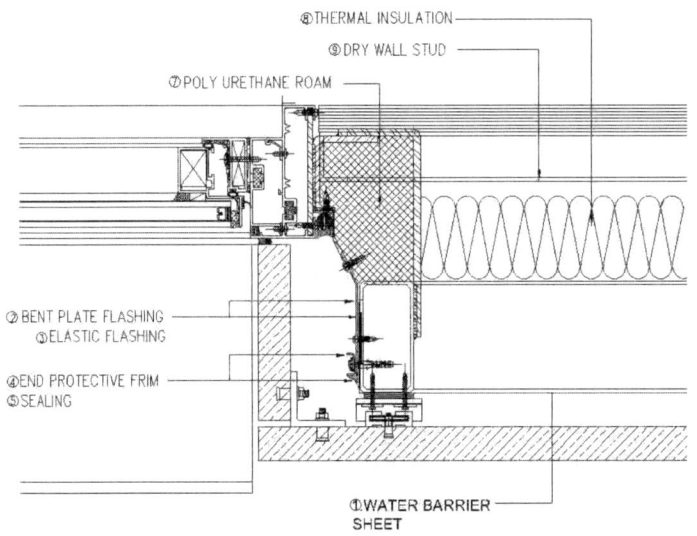

〈그림 4.40〉 단면(Jamb)

4. 석공사 각종 공법 89

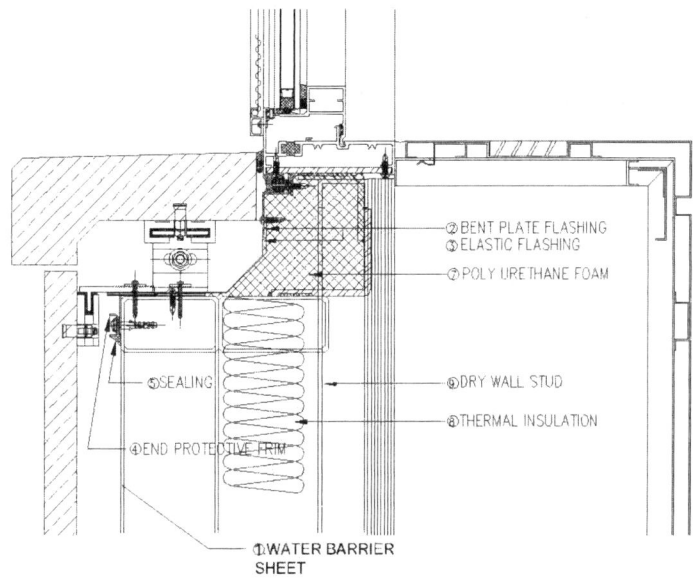

〈그림 4.41〉 단면(Sill)

1) Water barrier sheet(plate)는 두께 1.0mm 이상의 아연도 강판(Steel sheet Galv.)을 사용하고, Back frame 시공 후 기밀성을 확보 할 수 있도록 Back frame 전면에 아연도 강판으로 Water barrier sheet 즉 차수막(Rain Screen)을 설치한다.

이때 아연도 강판과 아연도 강판이 만나는 부위는 실란트(Sealant)로 연결한 뒤 두께 1.0mm의 일면 알루미늄 호일 자착식 부틸 쉬트(Self Adhensive Butyl Sheet)와 같은 차수 성능이 우수하며 내구성이 좋은 재료로 부착하여 Air-tightening 기능으로 기밀성을 확보해야한다. 그리고 Back frame 전면에 아연도 강판을 시공하는 것과는 달리 Back frame 후면에 아연도 강판을 시공하는 방법은 더욱 내식성이 확보된 Frame 부재를 사용해야 하고 간섭되는 부위에서의 완벽한 기밀성을 확보해야한다.

2) Bent plate flashing은 두께 1.0mm 이상의 아연도 강판(Steel sheet Galv.)이며 적당한 길이로 절곡하여 한편은(ㄱ자형) Back frame 부위에 고정시키고 다른 한편은(ㄱ자형) 창호 후레임에 고정하여 창호 부위 공간의 1차 차수막(Rainscreen)을 설치한다. 이때 Back frame과 창호 후레임에 고정되어, 중첩된 부위는 스크류(Screw)로 고정시키고 강판과 강판의 코너 이음 부위와 강판과 이질재가 만나는 부위는 실란트(Sealant)로 실링(Sealing)한다.

3) Elastic flashing은 두께 1.0MM의 일면 알루미늄 호일 자착식 부틸쉬트(Self Adhensive Butyl Sheet)또는 EPDM과 같은 차수성능이 우수하며 내구성이 좋은 재료를 연속적으로 Bent plate

flashing보다 넓게(50~150mm) 부착하여 창호주변의 1차 차수막(Rain screen)에 2차로 Air-tightening 기능을 유지하게 된다.

또한 차수관련 조건들이 까다로워 기밀성을 확보하기 어려운 경우에는 창호 후레임과 Back frame 공간부위의 아연도 강판(Steel sheet Galv.)내부 면에 폴리우레탄 스프레이 코팅(Polyurethane Elastomeric Coating)으로 분사하여 미세한 구멍을 완벽하게 막아 공기의 유·출입을 완전히 차단시키는 3차 Air-tighting 기능으로 기밀성을 완벽히 확보해야 한다.

4) End protective trim은 Back frame 부위에 부착한 부틸 쉬트(Butyl sheet) 끝부분에 고정몰딩(Trim ㄷ자형 10×20×10)으로 고정시킨다. 이것은 부틸 쉬트가 중첩되는 부위에서 여러 가지 이유로 부착이 떨어질 수 있으므로 고정시키는 것이다. 또한 고정 몰딩을 고정한 스크류(Screw) 부위는 실란트(Sealant)로 시공한다.

5) Sealing은 실란트(Sealant)를 사용하여 부틸 쉬트(Butyl sheet) 부착후 창호 후레임과 만나는 부위에 밀실하게 시공해야 하고 Back frame 부위와 만나는 부위의 고정몰딩(Trim) 한쪽면도 밀실하게 시공하여 공기의 유·출입을 완전히 차단해야 한다.

6) Poly Urethane Foam은 부착력(2.0kg.㎠), 전단및 압축강도(1^8kg/㎠)가 있고 단열기능(Thermal Resistance), 차음기능(Noise control)이 있으며 단열재(Thermal Insulation)와 함께 시공한다.

7) Thermal Insulation은 방습막(Vapour Barrier)이 부착된 재료로 하여 기밀을 유지할 수 있도록 연속적으로 설치하고 단열재의 설계는 단열 설계기준에 따른 재료의 선별 및 열관류율에 대한 제한적 조건에 따라 선별 설치한다. 또한 통기관(Vapour Retarder)의 설치로 내부의 습공기를 배출시켜 내부의 결로를 예방해야 한다.

8) EPDM Adhensive Sheet는 알루미늄 화스너(Fastener)를 시공하면서 스크류(Screw)로 고정한 부위의 공기의 유·출입을 완전히 차단시켜 Air tightening 기능으로 기밀성을 유지하기 위하여 알루미늄 화스너 안쪽에 설치한다.

4.8.6 오픈 조인트(Open joint) 주요 체크 사항

오픈 조인트에서 기본적인 체크사항은 다음 표와 같다.

〈표 4.4〉 오픈 조인트 주요 체크 사항

구분	내용	재료
차수	Rain screen의 재질	아연도 강판 (Steel sheet Gal.)
	Rain screen 시공방법 (Back frame의 경우)	① 아연도 강판 후레싱 ② 조인트 씰링(Sealing) ③ Butyl sheet or EPDM 부착 ④ End protective trim 고정과 씰링
	창호주변 Rain screen 시공방법	① 아연도 강판 후레싱 ② Butyl sheet or EPDM 부착 ③ End protective trim 고정과 씰링
	Unit부위의 시공방법 (Back frame의 경우)	① EPDM 가스켓(Gasket) ② Air tightening 씰링
배수	Drain flashing의 재질	① 스텐레스 또는 알루미늄
	Drain flashing 시공방법	① 스텐레스 또는 알루미늄 ② 옹벽과 접하는 부위 씰링
구조물	구조검토 (풍압, 안전성, 내진성, 시공성 등)	
	내식성	① 알루미늄(Aluminum) 또는 스테인레스(Stainless) ② 아연용융도금(HGI)
결로 및 단열	결로 예방	① 폴리우레탄폼(Poly urethane foam) ② 이질재 씰링 ③ 단열재(Thermal insulation) ④ 방습막(Vapour barrier) ⑤ 통기관(Vapour retarder)

4.8.7 오픈 조인트(Open joint) 주의사항

① 옹벽의 오픈 조인트 공법이나 Back Frame의 오픈 조인트 공법은 창호가 선 시공되기에 도면에 따라 창호업체에서 좌, 우, 상, 하, 전, 후가 도면치수대로 정밀시공이 되어야 한다. 또한 후속공정인 석공사 업체에서도 미리 사전에 선 시공된 창호의 간격을 확인 점검해야 한다.

그리고 창문까지 한꺼번에 설치하는 유니트 공법(Unit type)으로 오픈 조인트(Open joint)공법을 시공하려 하고 있으나 여러 문제점으로 어려움이 있어 현재도 기술 개발되고 있다.

② 오픈 조인트 공법에서 동일한 한 벽면이라도 모두 일정한 풍압이 걸리지 않고 부분적으로 다른 풍압이 걸리기 때문에 일정크기로 구획해서 등압구간(Equal Pressure Dividing Zone)을 둔다. 등압의 각 구획(Unit Chamber)은 50㎡를 넘지 않는 범위에서 구획되며 코너 벽은 6m를 넘지 않는 부위에 수직으로 플레싱(Flashing)에 의해 일반적으로 구획된다.

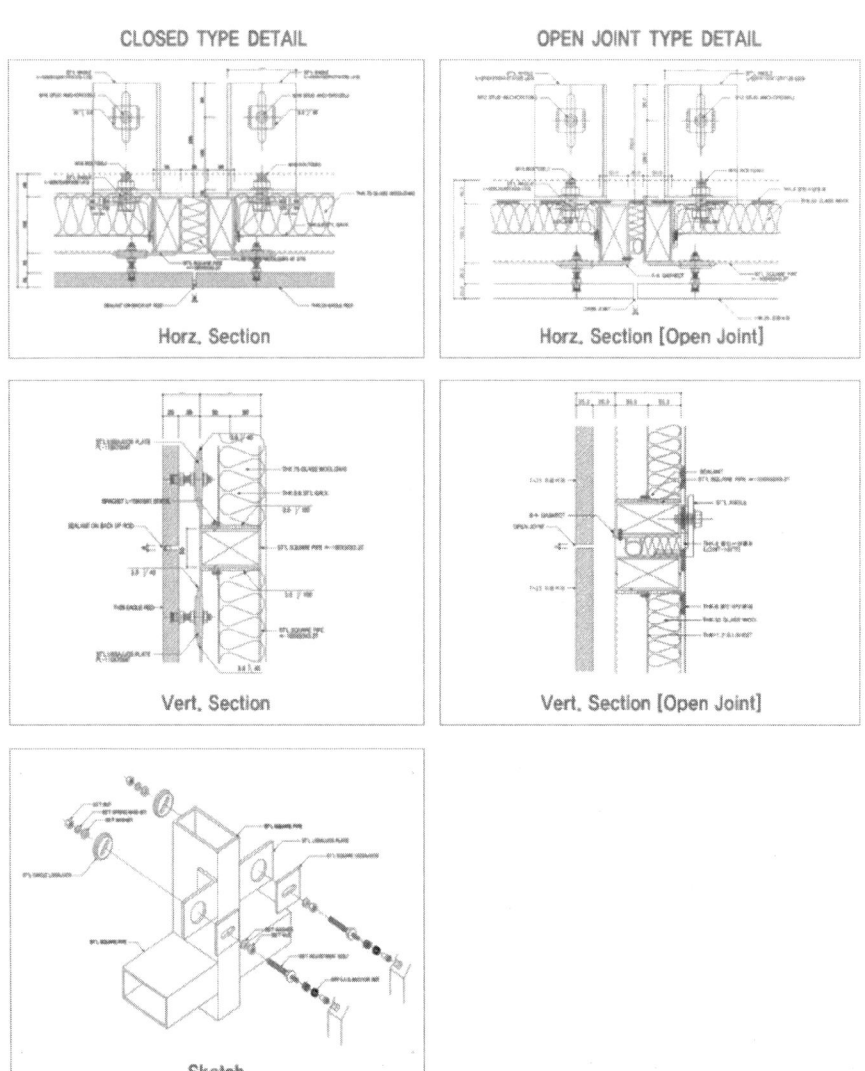

〈그림 4.42〉 크로즈 조인트와 오픈 조인트 비교 도해

③ 옹벽의 오픈 조인트 공법에서 콘크리트 옹벽부위에 자착식 부틸 쉬트(Self Adhensive Butyl Sheet) 또는 EPDM을 시공할 경우 겨울철에는 옹벽부위가 얼어있으므로 접착력이 떨어진다. 이때에는 옹벽을 불로 말린 후 접착력을 높이기 위해 프라이머(Primer) 도포 후 시공하기도 한다.

④ 콘크리트 옹벽에 부틸 쉬트(Butyl Sheet) 또는 EPDM을 시공한 후 그 위에 앙카 구멍을 뚫을 경우에는 드릴에 부틸 쉬트 또는 EPDM이 말려들어가지 않도록 주의해야 하고 누수 우려가 있을 경우에는 구멍 주변을 실링(Sealing)하기도 한다.

⑤ 스텐레스 스틸(Stainless Steel) 또는 알루미늄(Aluminum), 화스너(Fastener)가 이질재와 만나는 부위는 부식 및 열팽창으로 인한 변화를 예방하기 위하여 심패드(Shim pad)를 설치한다. 특히 스텐레스 스틸과 알루미늄 재질의 앵글이 만나는 부위는 부식방지를 위하여 절연 필름패드(Film Pad)를 설치해야 한다.

⑥ 창호 후레임의 모양이 오픈 조인트에 맞는 형태로 제작되어 부틸 쉬트를 붙이는데 간섭 되는 것이 없어야 한다.

4.9 석재 건식용 연결철물

4.9.1 앙카(Anchor)의 일반사항

1) 석재 건식용 연결철물인 앙카(Anchor)는 스텐레스 스틸(STS 304)로 구조체와 석재를 연결하는 주요 부자재이다.

2) 앙카의 규격은 석재중량, 마감거리를 고려하여 구조계산 후 두께, 폭, 길이 등을 결정한다.

3) 모든 종류의 앙카(Anchor)는 앵글(Angle)을 직각 가공 시 뒷면에 크랙 발생을 최소화하기 위해 앵글두께의 2~4배의 R가공을 한다.

4) 건식공법이후 현재까지 널리 사용되는 앙카는 핀 앙카(Pin Anchor)이다. 그러나 근래에는 오픈조인트(Open Joint)공법용 연결철물들이 부분적으로 사용되어지고 있다.

5) 많은 종류의 앙카(Anchor)가 연구, 개발되었으나 대부분 시공성, 경제성 등으로 실용화되지 못하고 있는 실정이다.

4.9.2 스텐레스 스틸의 성분 및 특성

1) 스텐레스 스틸은 철(Fe)에 보통 12% 이상의 크롬(Cr)을 넣어서 녹이 잘 슬지 않도록 만들어진 강으로 여기에다 필요에 따라 탄소(C), 니켈(Ni), 규소(Si), 망간(Mn), 몰리브텐(Mo) 등을 포함하고 있는 합금강이라 볼 수 있다.

〈표 4.5〉 주성분에 의한 스텐레스 스틸의 분류

강 종	구강종	구 분	명 칭	조 성
STS 304	27종	크롬 - 니켈 계	18Cr - 8Ni	18%Cr - 8%Ni

〈표 4.6〉 스텐레스 스틸의 화학 성분

강 종	C	Si	Mn	P	S	Ni	Cr
STS 304	0.08 이하	1.00 이하	2.00 이하	0.04 이하	0.03 이하	8.00 ~ 10.50	18.00 ~ 20.00

2) 스텐레스 스틸은 철(Fe)을 주성분으로 하면서 보통강이 가지고 있지 않은 특성 즉 표면이 아름다운 점, 녹이 잘 슬지 않는 점, 열에 견디기 좋은 점, 외부 충격에 강한점 등 상당히 우수한 성질을 가지고 있다.

3) 스텐레스 스틸이 녹이 잘 발생되지 않는 이유는 스텐레스 스틸 자체가 녹이 슬지 않는 것이 아니라 그 표면에 생기는 산화피막이 안정되어 보통강의 결점인 산화현상(녹발생)을 방지하는 작용을 하게 되는 것이다. 스텐레스 스틸이란 영문으로 Stain과 Less의 합성어로 녹이 발생하지 않는다가 아니라 녹이 슬기 어렵다고 해석되는 것도 스텐레스 스틸을 이해하는데 중요한 의미가 있다.

4) 스텐레스 스틸의 용융온도는 1400~1500℃이므로 고온에서 견딜 수 있으며 화재 발생시 내화성을 충분히 발휘 할 수 있다.

〈표 4.7〉 스텐레스 스틸의 특성

강 종	자 성	녹 발 생	충격, 신장	열 팽 창
STS 304	없음 (단, 가공 후 다소 자성 있음)	뛰어난 내식성을 가지고 있음	극히 양호하여 성형성이 풍부함	보통강의 1.5배

4.9.3 앙카(Anchor)의 종류

1) 핀 앙카(Pin Anchor)
가장 널리 사용되며 석재 두께부위에 구멍을 뚫어 핀으로 고정시키는 앙카이다.

① 앙카(Anchor)의 구성

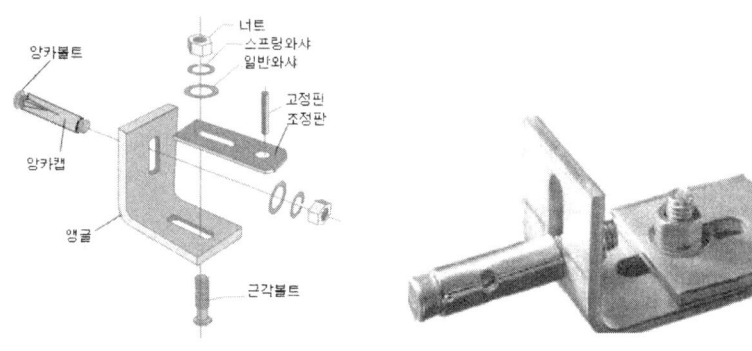

〈그림 4.43〉 앙카의 구성   〈그림 4.44〉 핀 앙카

② 연결철물의 규격

〈표 4.8〉 연결철물 규격

품명	규격	비고
앵글	다양	마감거리, 석재중량 등을 고려하여 두께, 폭, 길이 등을 결정
조정판	다양	
데파볼트	3/8″ × 70	용도에 따라 길이 변화 가능 쎄트앙카(Set Anchor) : 데파볼트(앙카볼트)+확장캡
확장캡	D14 × 40	
근각볼트	3/8″ × 25	
너트/와샤	3/8″	
핀	D4 × 40, 50	
심패드	2,3,5 × 60 × 60	플라스틱 제품

2) 논스립 핀 앙카(Non-slip Pin Anchor)

앵글의 미끄럼방지를 위해 스텐레스 스틸(STS) 논스립(두께 1.5~2.0mm)을 앵글의 전면 또는 후면에 사용한 앙카이다.

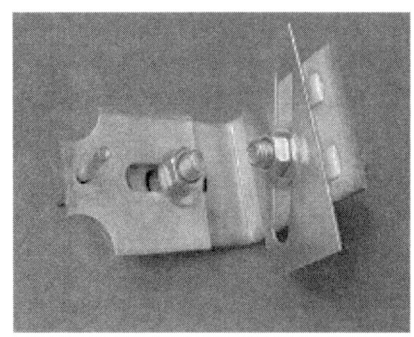
〈그림 4.45〉 전면 논스립 핀 앙카

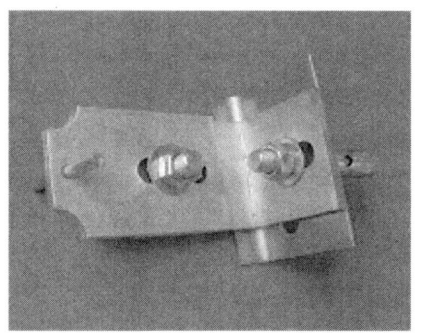
〈그림 4.46〉 후면 논스립 핀 앙카

3) 고정톱니 핀 앙카(Fixed Pitch Pin Anchor)

앵글의 미끄럼 방지를 위해 앵글의 슬롯 홀(Slot Hole)에 톱니(Pitch) 형태로 가공한 앙카이다.

〈그림 4.47〉 고정 톱니 핀 앙카

4) 골판 핀 앙카(Corrugated Pin Anchor)

① 앵글과 조정판(Plate)을 골판 가공하여 소요두께를 낮춘 앙카이다.
② 두께 4mm의 판을 골판 가공하여 두께 5mm의 일반판과 거의 같게 사용된다.

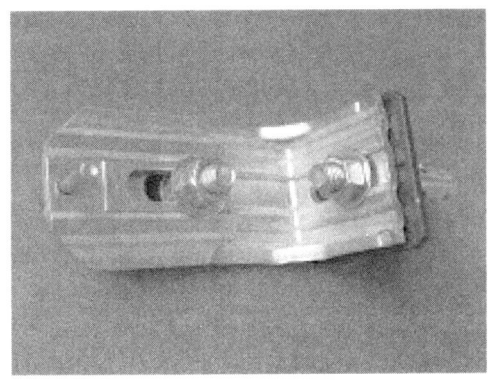

〈그림 4.48〉 골판 핀 앙카

5) 절곡앙카(Retaining Anchor)

조정판(Plate)을 위 또는 아래로 절곡 가공한 앙카이며 앙카 시공시 핀(Pin) 절단을 예방할 수 있다.

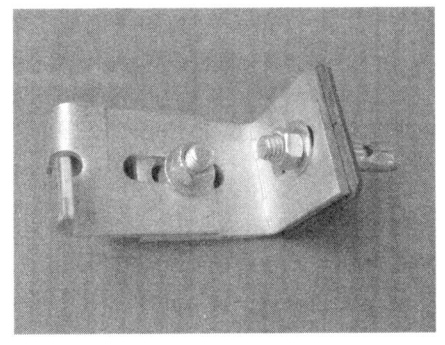   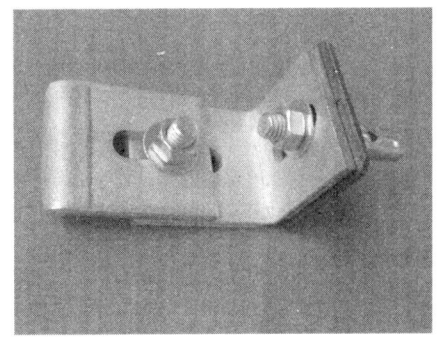

〈그림 4.49〉 절곡 앙카(중간단)   〈그림 4.50〉 절곡 앙카(상·하단)

6) 유럽형 앙카

중량물 시공과 마감거리가 긴 부위(100~200mm)도 가능한 앙카이다.

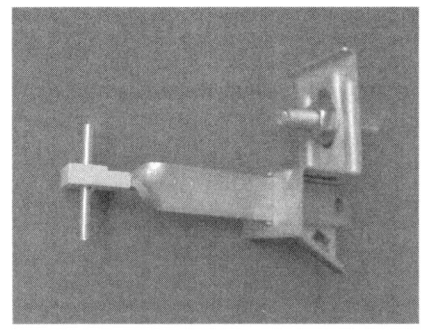 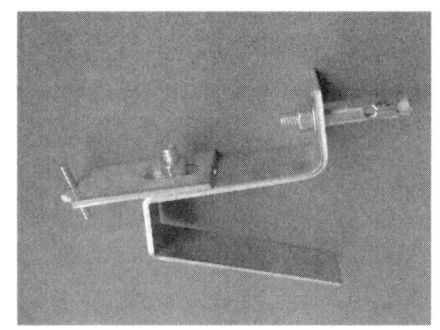

〈그림 4.51〉 유럽형 앙카 ①   〈그림 4.52〉 유럽형 앙카 ②

7) 두벌식 골판앙카, BK-1 앙카

두벌식 골판앙카는 마감거리가 긴부위(100~200mm)도 가능한 앙카이고 BK-1은 앵글 부위를 개선한 앙카이다.

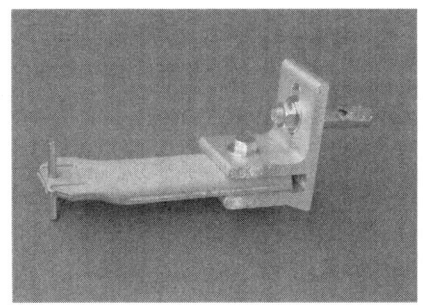 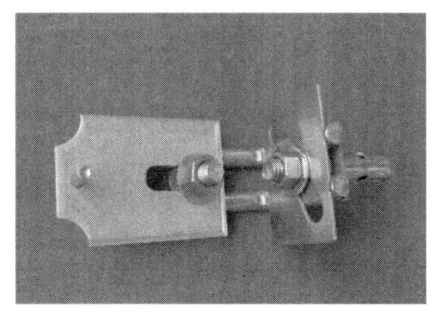

〈그림 4.53〉 두벌식 골판앙카   〈그림 4.54〉 BK-1

8) 오픈조인트(Open Joint)용 연결철물

석재의 줄눈에 실링재(Sealing)를 충진하지 않고 Open시켜 외부 공기가 내부로 순환되고 등압 이론에 의한 내부공간의 기압을 동일하게 유지시켜 기밀을 유지하는 공법을 오픈조인트 공법이라 한다. 이 오픈조인트에 사용되는 앙카는 기존 앙카와는 달리 석재 배면 부위에 구멍을 뚫어 여러 타입으로 고정시킨다.

① FZP 앙카

독일의 Fischer werke사의 앙카로 판재의 배면에 Under-cut hole drilling의 구멍을 뚫어서 앙카의 잠김 고정 작용(앙카 바닥부의 확장 링이 벌어져 펴짐)으로 판재에 고정되어 석재와 구조체를 연결한다.

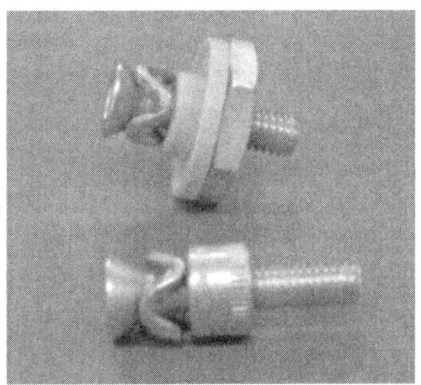

〈그림 4.55〉 FZP Anchor

② DCT 앙카

독일의 Keil사의 앙카로 판재의 배면에 Under-cut hole drilling의 구멍을 뚫고 확장 캡이 벌어져 잠김 고정 작용으로 판재에 고정되어 석재와 구조체를 연결한다. 또한 판재의 두께 및 하중에 따라 여러 규격이 있다.

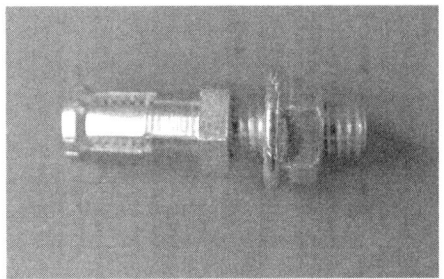

〈그림 4.56〉 DCT Anchor

③ EP(Expansion Power - Bolt) 앙카

JW사의 앙카로 판재의 배면에 Under-cut hole drilling의 구멍을 뚫고 원추형 캡이 확장되어 빠지는 것을 방지하는 잠김 고정 작용으로 판재에 고정되어 석재와 구조체를 연결한다.

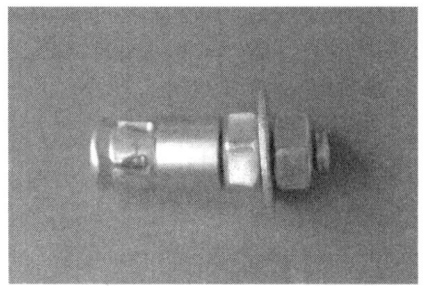

〈그림 4.57〉 EP Anchor

④ DFP Spring 앙카

DS사의 Spring 앙카로 판재의 배면에 Diamond-tipped drilling tool의 편심기술을 통하여 Under-cut hole drilling으로 판재에 고정되어 석재와 구조체를 연결한다.

〈그림 4.58〉 DFP Anchor

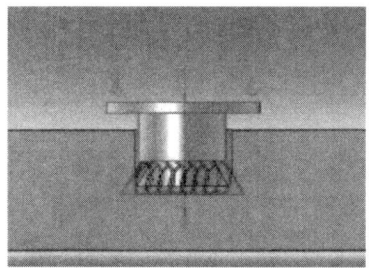

〈그림 4.59〉 DFP Spring

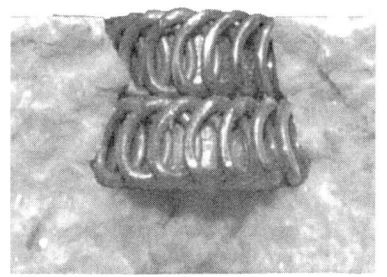

〈그림 4.60〉 DFP Spring

⑤ 그립형(Grip Type) 브라켓(Bracket)

알루미늄 재질의 브라켓으로 석재의 배면에 홈을 파서 석재와 구조체를 연결하며 상부 브라켓은 자중과 풍하중을 분담하고 하부 브라켓은 풍하중만을 분담한다.

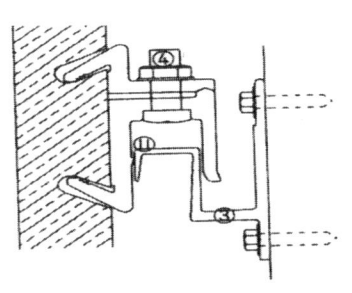 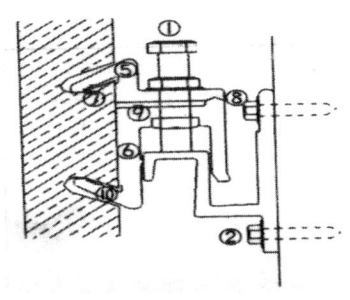

〈그림 4.62〉 그립형 하부 브라켓 〈그림 4.61〉 그립형 상부 브라켓

⑥ AL. Extrusion 브라켓(Bracket, Fastener)

알루미늄 재질의 브라켓으로 석재의 두께 쪽에 홈을 파서 석재와 구조체를 연결하며 오픈줄눈에서 브라켓이 보이지 않도록 상하 두 줄로 한다.

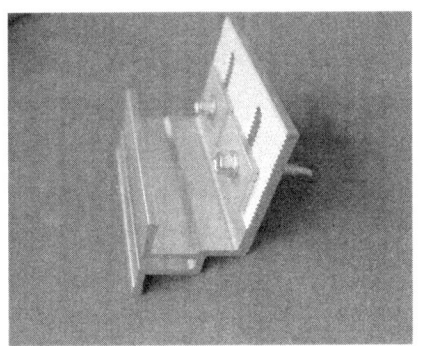

〈그림 4.63〉 AL. Extrusion Bracket

4.9.4 연결 철물의 구조계산에 의한 사용규격 표

다음 표는 석재 크기 및 중량에 따른 앵글의 휨모멘트, 전단력, 처짐량을 구조계산하여 일반적으로 쓰는 스테인레스 스틸 두께와 폭, 길이, 벽체와의 거리를 규격화한 표이다.

〈표 4.9〉 사용 규격 표

(단위:mm)

번호	화강석 규격	M2	석재중량/kg	사용스텐 두께(T)	폭(W)	길이(L)	벽과 석재와의 거리
1	300×500×30	0.15	12.15	3	50	50	70
2	300×600×30	0.18	14.58	3	50	50	70
3	500×500×30	0.25	20.25	4	50	50	70
4	400×800×30	0.32	25.92	4	50	50	70
5	600×600×30	0.36	29.16	4	50	50	70
6	500×900×30	0.45	36.45	5	50	50	70
7	600×800×30	0.48	38.38	5	50	50	70
8	600×900×30	0.54	43.74	5	50	50	70
9	800×800×30	0.64	51.84	5	50	50	70
10	600×1200×30	0.72	58.32	6	50	50	70
11	800×1000×30	0.80	64.80	6	50	50	70
12	800×1200×30	0.96	77.76	6	50	50	70
13	1000×1000×30	1.00	81.00	6	50	50	70
14	1000×1200×30	1.20	97.20	6	50	50	70

* 석재중량은 석종에 따라 약간의 차이가 있음.

4.9.5 연결철물 시공시 주의사항

1) 석재의 크기와 마감거리에 따른 중량을 검토하여 앵글을 선택하여야 한다.
2) 앙카의 간격은 판재의 끝단에서 1/4 만큼 띄워서 2개 설치하는 것을 기본으로 한다.

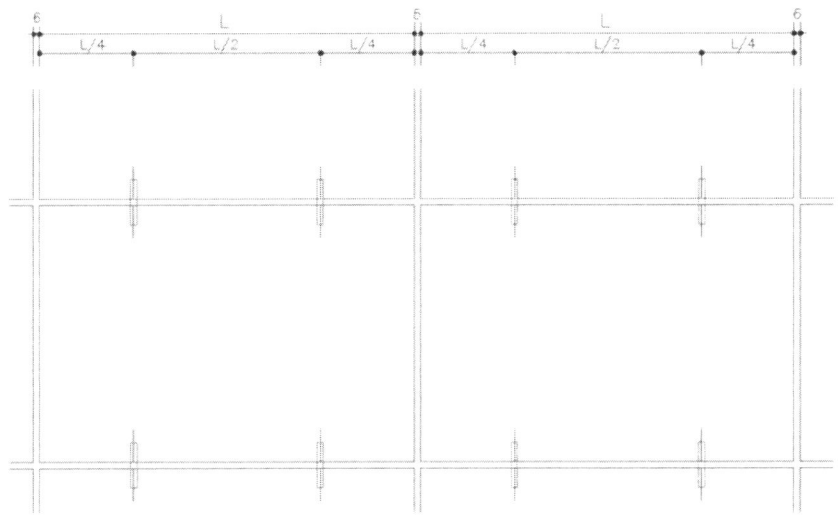

〈그림 4.64〉 기본적인 앵카 간격

3) 조정판(plate)과 하부석재는 하중 전달이 되지 않도록 최대한 상부 석재에 밀착되어 시공되어야 한다.

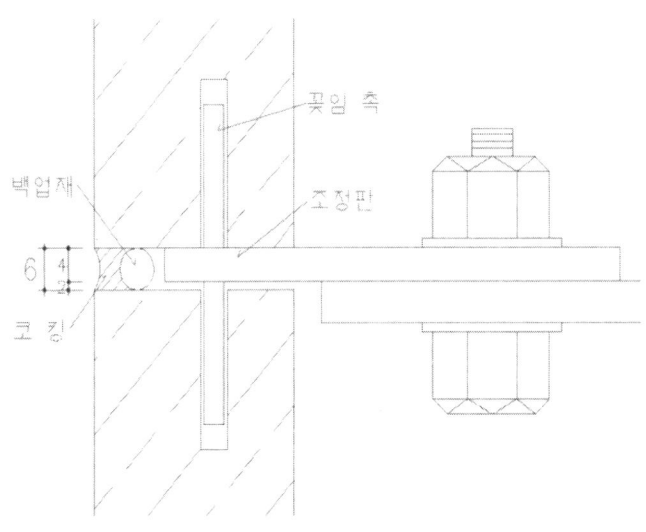

〈그림 4.65〉 조정판 위치도

4) 상하부 석재의 핀 구멍 천공을 원칙으로 한다.
5) 앵글이 처지지 않고 조정판이 움직이지 않도록 너트를 조여야한다.

4.10 석재의 줄눈

4.10.1 몰탈 줄눈

1) 흑시멘트 또는 백시멘트에 적당량의 색소 등을 배합하여 석재와 석재, 석재와 이질재의 틈새를 채워주는 것을 몰탈 줄눈이라 한다.
2) 오랜 시간이 지나면 갈라짐 및 줄눈 탈락이 발생 될 수 있다. 특히 아파트 거실과 같이 온수 파이프(Heating Coil)가 석재 배면에 설치되는 부위는 갈라짐과 줄눈탈락이 심하게 발생되므로 크랙이 없고 접착력이 우수한 석재용 줄눈용 시멘트를 사용한다.

〈표 4.10〉 줄눈시공 규격표 (단위:mm)

공종	규격	비고	공종	규격	비고
내부바닥	1 ~ 3	몰탈 줄눈	내부벽체	1 ~ 3	몰탈 줄눈 실란트 줄눈
외부바닥	3 ~ 5	몰탈 줄눈	외부벽체	6 ~ 8 8 ~ 12	폭 600 이상, 실란트 줄눈 폭 800 이상, 실란트 줄눈
사고석	5 ~ 10	몰탈 줄눈	화단벽체	6 ~ 8 2 ~ 3	실란트 줄눈

4.10.2 실란트 줄눈

건물 외벽에 있어서 줄눈의 역할은 다음과 같다.

- 온도변화, 지진, 바람 등에 의한 변형의 조절
- 치수 오차의 향상
- 시공성의 향상
- 방수 성능의 강화
- 건물 외관 디자인 향상

1) 실링재의 정의

실링재(Sealing)란 줄눈의 틈새와 접합부에 채워 수밀, 기밀을 유지하기 위하여 충진 되는 물질을 말하며 또한 어느 정도 강도 및 탄성을 가지고 부재를 고정시켜 건축물의 내구성을 증진시키기 위하여 사용되어지는 재료를 말한다.

〈표 4.10〉 실링재 구분

	신축허용율 구분	종류
실란트(Sealant)	신축허용율 ±10% 이상 제품	실리콘, 변성실리콘, 폴리설파이드, 폴리우레탄 등
코킹재(Caulking)	신축허용율 ±10% 이하 제품	오일계, 부틸계 등

그러나 일반적으로 실란트 줄눈을 코킹(Caulking)이라 한다.

2) 실링재의 기능

각종 접합부의 수밀, 기밀성을 확보하는 것을 목적으로 사용되는 실란트는 다음의 3가지 요건을 만족시켜야 한다.

① 접착성 : 부재와 부재는 방수적으로 연속 시킬 수 있어야 한다.
② 탄성(Movement성) : 완전 경화된 실란트의 움직임에도 석재가 파손, 박리되지 않아야한다.
③ 내후성(내열(한)성, 내자외선성, 내오존성), 내수성, 내약품성 등 : 옥외에서 ①②를 유지할 수 있어야 한다.

3) 실링재의 분류

① 1성분형(One Component 타입)

주제와 경화제가 한 용기 내에(카트리지 포장 : 300㎖, 소시지 포장 : 500㎖) 혼합되어 있는 형태이며 이는 습기 경화형으로 대기 중의 수분과 반응하여 경화가 되는 제품이다.

② 2성분형(Two Component 타입)

주제와 경화제가 별도의 용기에(주재 : 3.65 l, 경화제 : 0.35 l) 포장되어 있는 형태이며 이는 반응 경화형으로 주제와 경화제를 일정 비율로 혼합시 화학 반응에 의해 경화가 되는 제품이다.

〈표 4.11〉 실링재 구분

	반응 상태	종류
1성분형 (One Component 타입)	습기경화형	실리콘계, 변성실리콘계, 폴리설파이드계, 폴리우레탄계
	건조경화형	아크릴계
2성분형 (Two Component 타입)	반응경화형	실리콘계, 폴리설파이드계, 폴리우레탄계, 변성실리콘계

4) 실링재의 종류

① 실리콘계(Silicone)

실리콘 폴리실록산(Silicone Organic Polysiloxane)을 주성분으로 한 실링재로서 주로 1성분형이 사용되며 경화과정에서 수분과 반응할 때 방출되는 성분에 따라 초산형(Acetoxy type)과 비초산형(Non-Acetoxy type)으로 나누어진다.

② 변성 실리콘계(Modified Silicone)

변성실리콘(Organic Polysiloxane)을 함유한 유기폴리머(Polymer)를 주성분으로 한 실링재로서 1985년경부터 사용 되었으며, 석재 건물의 줄눈에 Silicone Sealant를 사용할 경우 3~5년이 경과하면 줄눈 주위가 검게 오염되는 것을 방지하기위해 개발 되었다.

③ 폴리설파이드계(Polysulfide = 치오콜)

탄성실란트로서 가장 오랜 역사를 가지며 고층빌딩의 신축을 가능케 한 Curtain Wall공법의 발전과 함께 Working Joint의 방수에 사용되어 그 진가를 발휘하게 된 실란트로 미국 Thiokol사에서 개발된 Poly-Sulfide Polymer를 주성분으로 한 2액형 실란트이다.

④ 폴리우레탄(Polyurethane)계

Isocyanate기(-NCO)를 가진 주제 성분과 활성수소 화합물을 가진 경화제 성분을 조합한 상온 경화형 탄성 실란트로서 1액형과 2액형이 있다. 폴리우레탄 실란트는 다른 용제형이나 에멀견형 실란트보다 성능적으로 우수하며 무용제 탄성실란트로서는 가격이 저렴하므로 중간적인 성능을 요구하는 분야에 널리 사용된다.

5) 실란트 줄눈의 형태 및 치수

① 실란트 줄눈의 형태는 오목 누름 실란트 줄눈, 수평 누름 실란트 줄눈(석고메지)등이 있다. 오목 줄눈은 접착면적이 많아 접착이 우수하고 수평 줄눈은 미관효과가 높다.

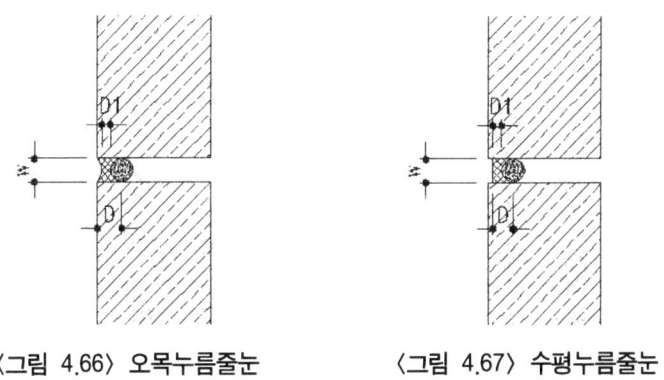

〈그림 4.66〉 오목누름줄눈   〈그림 4.67〉 수평누름줄눈

② 실란트 줄눈의 치수
- W와 D의 크기는 최소 6mm이어야 한다.
- W와 D_1의 비율은 최소 2:1이어야 한다.
- D_1의 크기는 최대 12mm가 적당하다.

D의 길이가 깊을수록 움직임 허용능력이 저하되고 느린 경화를 야기한다.

6) 부자재의 종류

① 프라이머(Primer)
프라이머 도포는 석재와 실란트의 접착력 향상과 접착면적의 증가, 실리콘오일(Silicone oil)의

석재 이동 방지 등을 위하여 사용한다. 그러나 현재 사용되는 대부분의 1성분형 실란트 실리콘은 석재에 프라이머 도포 없이도 우수한 접착력을 발휘한다.

② Back-up재

Back-up재는 발포 폴리에틸렌 재질로 이루어져 있으며 주요 사용목적은 3면 접착으로 인한 크랙방지, 조인트 깊이유지, 실란트 사용량조절 등의 목적으로 사용되며 줄눈크기보다 2~4㎜정도 큰 Back-up재를 사용한다.

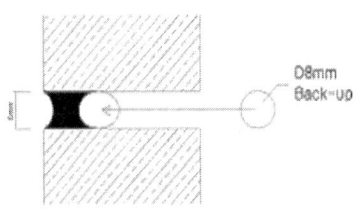

〈그림 4.68〉 Back-up재 위치

③ 마스킹 테이프(Masking Tape)

마스킹 테이프는 석재 끝부분에 정확히 붙여 주변에 묻지 않고 줄눈면의 선을 잘 마무리하기 위하여 붙이는 테이프를 말한다. 작업자의 기능이 우수하여도 반드시 마스킹 테이프 접착 후 실란트 작업을 해야 한다.

7) 시공순서

① 줄눈 점검

줄눈치수가 올바르게 시공되었는지를 확인한다.

② 줄눈 부위 청소

줄눈내의 먼지, 때, 기름, 석분 등이 실란트의 접착력을 떨어뜨릴 수 있으므로 완전히 제거한다.

③ 백업(Back-up)재 삽입

백업재는 폴리에틸렌과 같이 물을 흡수하지 않는 재질을 사용하면 백업재는 줄눈 폭보다 2~4

㎜ 정도 큰 것을 사용하고 일정한 깊이로 설치하여야 한다.

④ 마스킹 테이프 작업
줄눈주위의 석재에 여분의 실란트가 묻는 것을 방지하기 위하여 마스킹 테이프를 접착한다.

⑤ 프라이머 도포
대부분의 1성분형 실란트 실리콘은 프라이머 도포 없이도 우수한 접착력을 발휘하므로 생략한다.

⑥ 실란트 충진
줄눈에 맞게 노즐을 잘라낸 후 실란트 충진은 줄눈의 교착부 또는 가장자리부터 시작하여 구석구석까지 충분히 충진한다.

⑦ 표면 마무리 작업(Tooling)
충진 후 고무칼등을 사용하여 내부의 기포제거 및 완전 충진을 위하여 적당한 압력으로 매끄럽게 마무리 한다.

⑧ 마스킹 테이프 제거
표면 마무리 작업이 끝나면 바로 마스킹 테이프를 제거한다.

⑨ 양생
실란트가 경화되기 전까지 접촉을 피하고 오염물질이나 충격에 손상되지 않도록 주의해야 하며 최소 2일은 보호해야 한다.

8) 실란트의 오염

① 오염의 종류

가. 먼지 등의 흡착에 의한 실란트 표면의 오염
실란트의 표면에 대기 중의 미세먼지, 분진물질 등이 흡착되어 나타나는 현상을 말하며 이런

현상은 실란트가 경화되는 동안 또는 실란트가 경화되고 난후에도 나타날 수 있다. 이러한 실란트 오염의 이유는 1성분형의 경우에는 실란트에 포함되어 있는 미 반응성 폴리머(Polymer) 의하여, 2성분형의 경우에는 불충분한 배합에 의해 반응하지 못한 폴리머(Polymer)에 의하여 실란트의 끈적임이 나타나 실란트 표면에 흡착되는 것이다.

나. 유체이동 및 흘러내림에 의한 석재 줄눈 주변의 오염

실란트의 표면으로 가소재(Oil), 미반응 폴리머(Polymer) 및 기타반응에 참여하지 못한 첨가재들이 흘러나와 다공성 자재인 실란트 줄눈 주변의 석재로 흡착, 이용되어 젖은듯 하거나 실란트 표면으로 부터 흘러내린 유체는 실란트 줄눈주변의 석재를 오염시킨다.

② 오염 경로

가. 실란트 내부에 가소재(Oil), 미반응 폴리머(Polymer) 및 기타 반응에 참여하지 못한 첨가재가 존재하고 있으며 표면의 끈적임성에 의해 대기 중의 미세먼지 분진물질 등의 오염물질이 흡착된다.

나. 흡착되는 오염 물질들이 더욱 가속되고 실란트 내부의 미반응 물질이 실란트의 표면 및 흡수율이 있는 다공질의 석재쪽으로 이동한다.

다. 표면으로 이동된 유체와 오염 물질이 서로 섞이고 석재로 이동된 유체가 다시 표면 쪽으로 이동한다.

라. 외력(빗물, 바람 등)에 의해 표면의 오염물질이 줄눈 주위로 이동하고 다른 오염물질이 줄눈 주위로 이동하고 다른 오염물질이 줄눈 주위로 이동된 유체에 흡착되어 오염이 더욱 가속된다.

③ 오염방지 대책

가. 오염이 발생되지 않은 제품의 연구개발로 오염을 예방한다.

나. 오픈 조인트 공법을 검토한다.

다. 실란트 줄눈을 깊게 시공하여 외부 영향을 최소화 한다.

라. 정기적인 외벽 청소를 한다.

4.11 석재용 접착제 에폭시(Epoxy)

4.11.1 에폭시 개요

석재용접착제 에폭시는 에폭시수지(Epoxy resin)와 변성폴리아미드(Poly Amide) 및 특수첨가제를 사용한 2액형으로서 주제와 경화제로 되어 있다.

4.11.2 에폭시 특성

1) 주제는 백색, 경화제는 흑색 또는 백색으로 각각 10kg 단위로 포장된다.
2) 주제와 경화제는 1:1로 배합하여 충분히 교반하여 사용한다.
3) 수중 경화형으로 비가와도 물에 녹지 않고 경화된다.

〈그림 4.69〉 석재용 에폭시

〈표 4.12〉 에폭시 일반물성

항목	구분	하절기		동절기	
		주제	경화제	주제	경화제
색 상		백색	흑색	백색	흑색
비 중		1.65	1.73	1.65	1.73
가사시간 (Hrs)		40분		1시간 20분	
경화시간 (Hrs)		3시간 이내		7시간 이내	

수중경화 (0℃~100℃)	수중경화	수중경화
점 도 (CPS)	Paste	paste
배 합 비	1 : 1	1 : 1
저 장 성	6개월	6개월

4.11.3 에폭시 사용시 주의사항

1) 주제와 경화제의 배합불량으로 에폭시가 경화되지 않을 경우에는 흡수율이 있는 석재에 에폭시의 가소재인 폴리아미드(Polyamide)가 흡수되어 황갈색으로 석재가 변색된다. (황변현상 : Yellowing)

2) 빗물침투, 결로 등으로 일반형 에폭시가 수분과 반응하여 에폭시가 수분에 녹을 경우에도 석재에 에폭시의 가소재인 폴리아미드(Polyamide)가 흡수되어 황갈색으로 석재가 변색된다. (황변현상)

3) 0℃ 이하의 추운날씨에서는 주제와 경화제가 반응열의 지연 또는 중단으로 경화가 늦어지거나 경화되지 않을 수 있으므로 인위적으로 열을 가하여 반응열이 진행되어 경화되게 해야 한다. 동절기에 에폭시를 사용하는 경우에는 반드시 경화 상태를 확인해야 한다.

4) 흡수율이 높은 대리석에 에폭시를 사용할 때에는 최소화하여 사용하고 특별히 흰색 계통의 대리석은(예 : 비안코, 아라베스카토, 스타투아리오 등) 백색의 경화제를 사용하며 최소화하여 변색을 예방해야 한다.

5) 에폭시 사용 후 시멘트 몰탈로 채움을 할 경우에는 시멘트의 탄산칼슘($CaCo3$)으로 인하여 에폭시가 녹아 에폭시 가소재인 폴리아미드(Polyamide)가 석재에 흡수되어 황갈색으로 변색된다. (황변현상 : Yellowing)

05
석재 관련 신기술

5.1 건식석재공사용고정톱니앵글제작기술(지정번호 75 / 개발자: ㈜현대건식용앙카)

특수지지 고정앵글을 제작하고 이것을 이용하여 석공사 건식 시공시 하자의 원인을 방지하기 위한 기술이다. 기존 기술은 수직면에 수직작공이 O 모양으로 뚫어져 있기 때문에 건물의 미진, 진동이 물질간의 팽창등의 이유로 수직(아래)로 미끄러짐 현상이 있었다. 또한 수평면의 수평장공도 같은 방법으로 길게 뚫어져 연결부의 핀 공에 돌의 중량이 작용하므로 같은 문제점이 발생되었다. 본 신기술은 건축물 구조체에 대리석, 화강석, 인조석 등 자체 중량이 무거운 내외장용 석재판을 견고하게 부착시킬 때 장공 부위에 요철부(톱니바퀴)를 만들고, 수평면의 사각구멍이 연결핀과 연결할 때 근각볼트로 사용하여 다시 이 구멍을 막아주므로 미끄럼 현상을 방지할 수 있다. 시공방법은 한 장의 돌에 볼트 구멍을 뚫어서 볼트로 고정시킨 다음 알루미늄으로 틀을 짜서 이틀에 볼트를 연결 조립하는 것으로 기존 방법과 동일하다.

(보호기간 1997/08/25~2002/08/24)

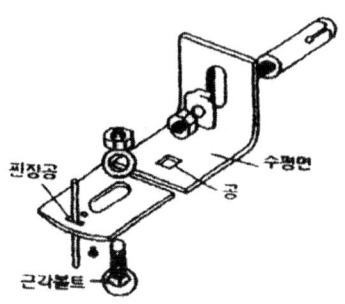

〈그림 5.144〉 75호 공법

5.2 완충장치(Shoe case)를 이용한 건식석재설치공법(지정번호 169 / 개발자: ㈜서린건축사사무소)

 본 신기술은 석공사 건식공법에서 가장 취약한 석재 panel 고정부에 매입 Shoe case를 이용하여 응력 전달을 완충구조화하여 구조안정을 확보하고, 시공 및 보수에 합리적으로 개선된 Fastener를 개발하여 새로운 석공사 건식공법 system을 제안하는 것이다. 석재 panel의 공장가공·제작공정과 현장설치 2공정으로 단순화하여, 시공정밀도와 안정성을 높이고 석공사 공기를 대폭 단축하여, 구조안정과 경제성을 동시에 확보할 수 있고, 보수가 용이하며, 공사 현장의 환경오염문제를 대폭 줄일 수 있다. 본 신기술은 석재 건식공법의 설계·감리기법을 system화하고, 시공기술의 발전에 기여하여, 시공품질 정밀도의 대폭적인 향상을 이룰 수 있으므로 건물의 내구성을 향상시킬 수 있다.

 (보호기간 1999/06/04~2004/06/03)

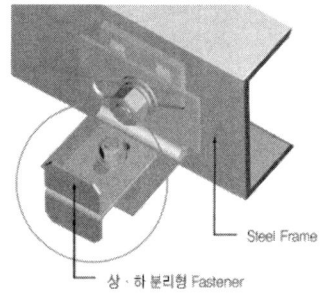  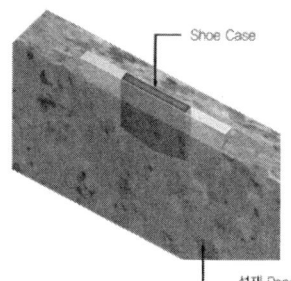

〈그림 5.2〉 169호 공법

5.3 그립형철물을 이용한 외벽석재오픈조인트공법(지정번호 177 / 개발자: ㈜삼성물산)

본 공법은 석재를 주재료로 하는 외벽마감조건에서 석재판넬 접합부에 실런트(Sealant)를 사용하지 않고 외벽마감이 가능하도록 개발한 외벽조립공법이다. 실런트를 사용하지 않고 외벽의 수밀성을 유지하기 위해서는 외벽의 중간층에 등압공 간의 형성이 필수적이며, 이를 위하여 기존석재 조립방식과 다른 방식인 그립형 철물 및 기밀 차단막구조의 개발이 필요하였다. 본 공법의 현장적용에 의하여 외벽면의 코킹에 의한 오염현상의 배제, 접합부의 영구적 누수방지, 하지철물의 내식성 향상, 비숙련공도 간단히 설치할 수 있는 외벽조립기법의 단순화 등 외벽의 의장, 기능, 조립시공성 측면에 기존 석재조립방식의 문제점을 개선한 공법으로 현장적용을 통해 그 성능을 입증한 바 있다.

(보호기간 1999/06/28~2004/06/27)

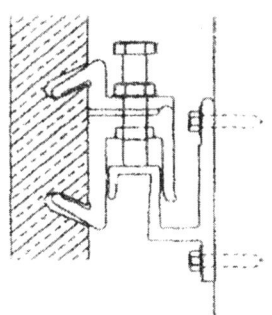

〈그림 5.3〉 177호 공법(그립형 철물)

5.4 회전원심식블라스팅(Blasting)을 이용한 석재(화강석)고운다듬공법(지정번호 218 / 개발자:지선건영산업(주))

본 기술은 건축재로 쓰이는 석재(화강석)의 조면(粗面) 가공공법 중 재래의 인력가공 또는 수동기계 가공을 기계화 하여 고운 도드락다듬하는 공법이다. 본 기술은 임펠러와 금속재 숏볼을 사용하여 고운 도드락다듬을 하고, 석재 가공중 발생되는 분진의 자동집진과 연속일관작업의 시스템으로 구성되어진다.

(보호기간 2000/02/12~2005/02/11)

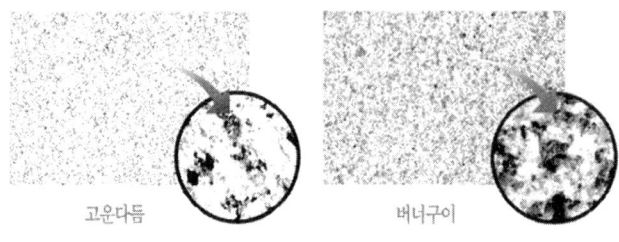

〈그림 5.4〉 218호 공법

5.5 원추형 와셔로 구성된 긴결볼트와 완충장치를 사용한 수직면 석재판 건식 설치공법(지정번호 481 / 개발자: ㈜석촌)

이 공법은 공장에서 석재판의 배면에 원추형와셔의 확장원리로 석재판에 부착되는 긴결볼트를 설치하여 석재판을 지지하고, 현장에서 긴결볼트에 NBR 또는 SR재질의 완충재가 설치된 박스형 완충장치를 석재판 상하단 4곳에 설치하여 구조재에 부착된 연결철물과 조립하는 공법이다. 그리고, 완충장치 내에 삽입되는 2차 연결철물은 상하부 석재판을 동시에 지지·고정하고 석재판에 발생하는 횡방향 변위에 대해서 대응할 수 있도록 상하 분리형으로 제작되어 설치되며, 1차 연결철물의 상부턱에 미끄럼방지판이 걸리도록 고정하여 석재판의 자중에 의한 연결철물의 처짐을 방지할 수 있는 수직면에 적용되는 석재판 건식 설치공법이다.

(보호기간 2006/01/04~2013/01/03)

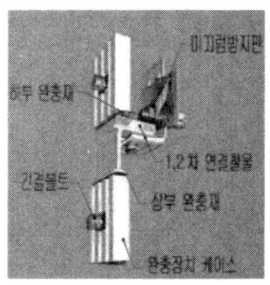

〈그림 5.5〉 481호 공법

5.6 2단식 스프링 앵커와 처짐방지 및 위치고정용 앵글을 이용한 석재 또는 타일 패널 제작 공법(지정번호 586 / 개발자: ㈜대동석재공업)

이 기술은 석재 또는 타일면에 단부가 확대된 홀을 형성하기 위하여 편심된 중심축이 원호상을 그리며 회전하는 단부 확대 홀 형성 기기를 이용하여 앵커 볼트 삽입용 홀 단부를 확대시킨 후, 여기에 2단식 스프링 앵커와 앵커볼트를 삽입한다. 이를 처짐 방지용 휠와셔와 위치고정용 사각와셔에 의해 위치를 조정하면서 조립하는 처짐방지 및 위치고정이 가능한 앵글과 조립하여 석재 또는 타일마감의 단위 패널을 제작하는 공법이다.

(보호기간 2009/09/02~2014/09/01)

〈그림 5.6〉 586호 공법

06
석공사용 가설 장비

일반적인 석공사용 가설공사인 외부쌍줄비계, 수평비계 등은 대부분 타공종과 같이 사용함으로 본장에서는 공사기간을 단축하기 위하여 기존의 가설비계에서 가설장비를 사용하여 외벽 석재를 시공하는 가설 장비를 다룬다.

6.1 수동식 곤도라(Gondola)

외벽공사용으로 쓰며 건축물에 곤도라가 설치가 되는 경우에는 이를 미리 설치하고 이용하기도 한다. 일반적인 사양은 다음과 같다.

적재중량 : 1,000kg
크기 : 기본사양 7,000×1,010×2,000 현장 여건에 따라 별도 제작하기도 한다.
와이어로프 : D11.6×4개
구동장치 : 수동윈치 4개

〈그림 6.1〉 수동식 곤도라 원경   〈그림 6.2〉 수동식 곤도라   〈그림 6.3〉 수동식 곤도라 지지대

6.2 Work Platform

메인 마스터를 기둥식으로 사용하는 외벽 공사용으로 일반적인 사양은 다음과 같다.

적재중량 : Single Master인 경우 1,500kg ~ 2,300kg
Twin Master인 경우 2,500kg ~ 4,000kg
크기 : Single Master인 경우 10.5m×1.5m×2.9m
Twin Master인 경우 23.5m×1.5m×8.5m
속도 : 7m/분

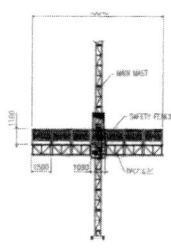
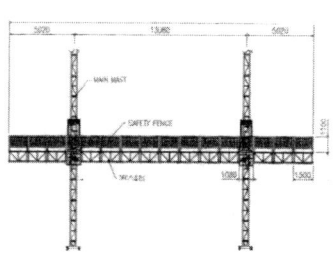

〈그림 6.4〉 Single Master, Twin Master   〈그림 6.5〉 work platform

07
Shop drawing 및 가공 상세도 예

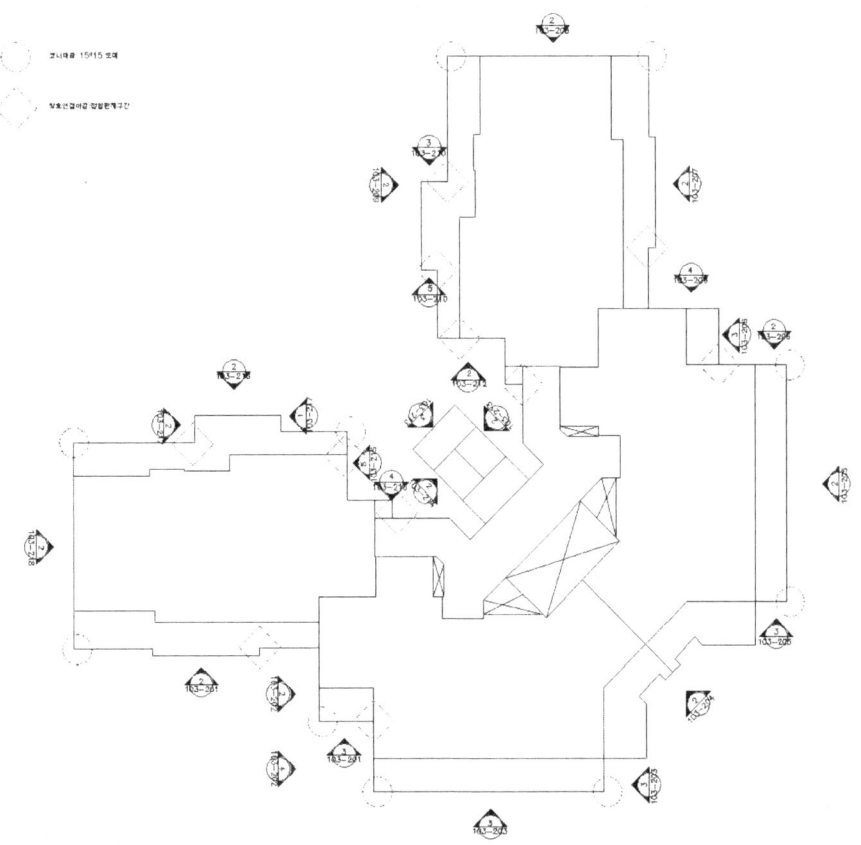

122 석공사 입문

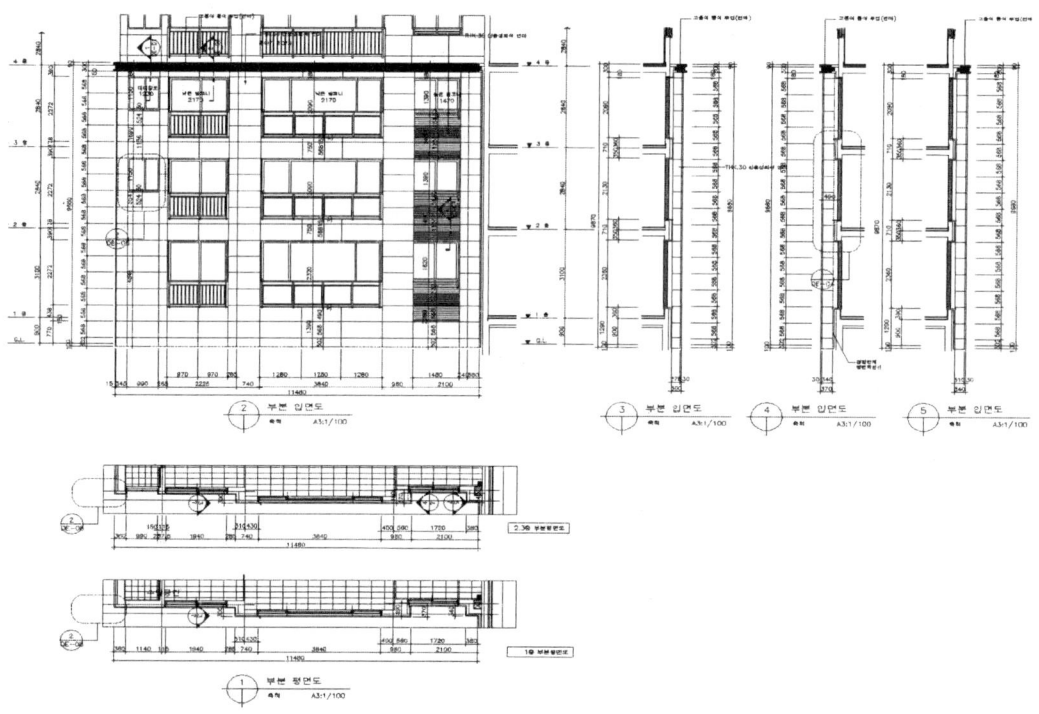

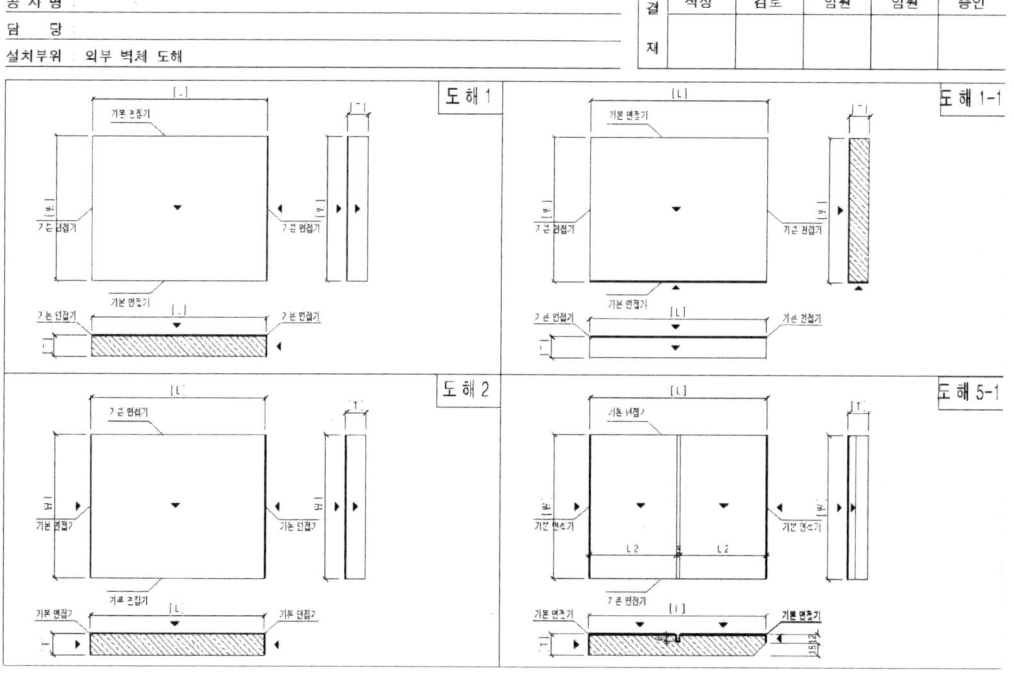

7. Shop drawing 및 가공 상세도 예 123

가 공 상 세 도 - 2

공사명:
담 당:
설치부위: 외부 벽체 도해

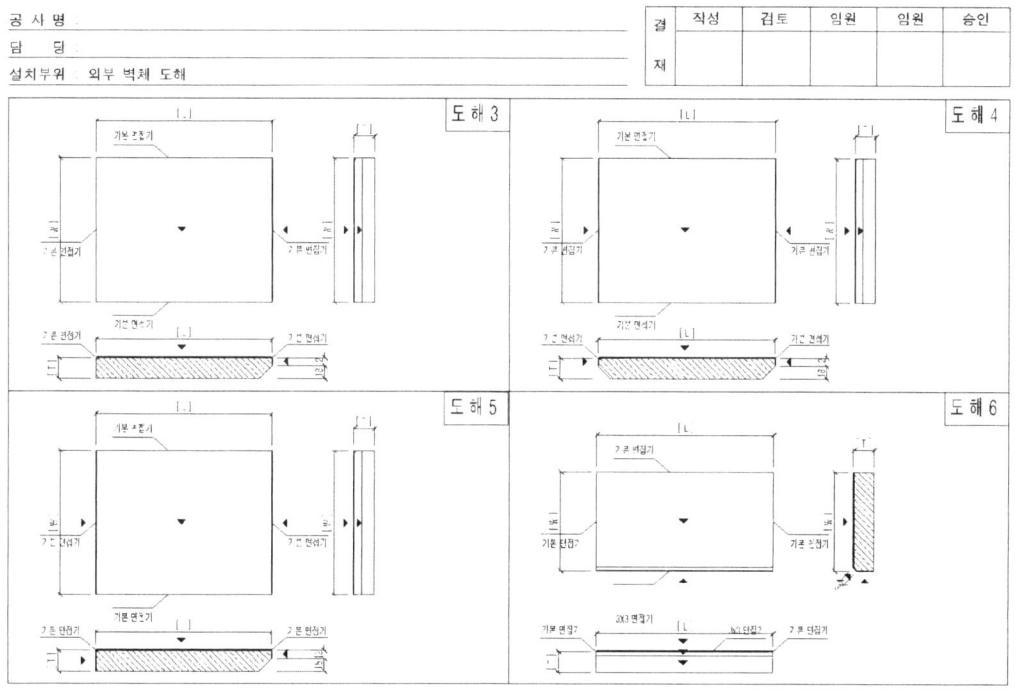

가 공 상 세 도 - 3

공사명:
담 당:
설치부위: 외부 벽체 도해

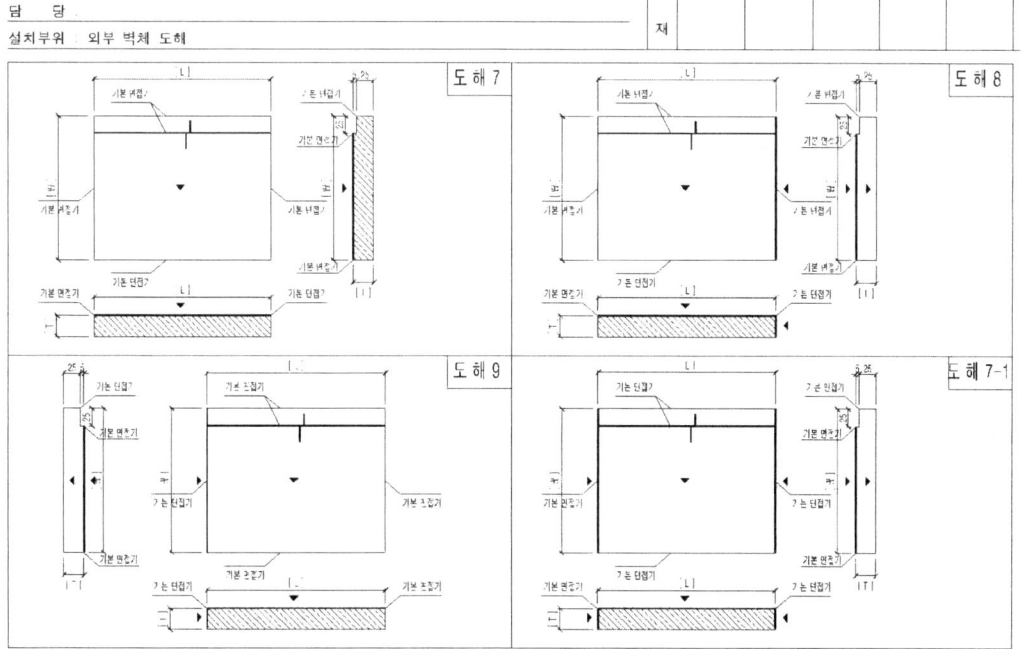

가 공 상 세 도 - 4

공 사 명 :
담 당 :
설치부위 : 외부 벽체 도해

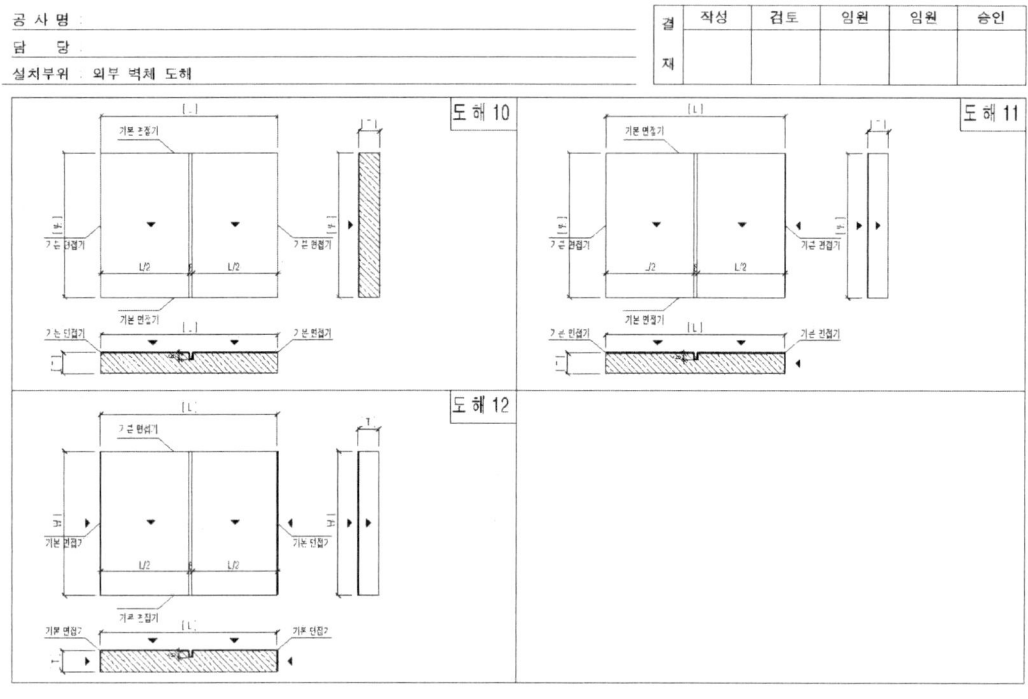

가 공 상 세 도 - 5

공 사 명 :
담 당 :
설치부위 : 외부 벽체 도해

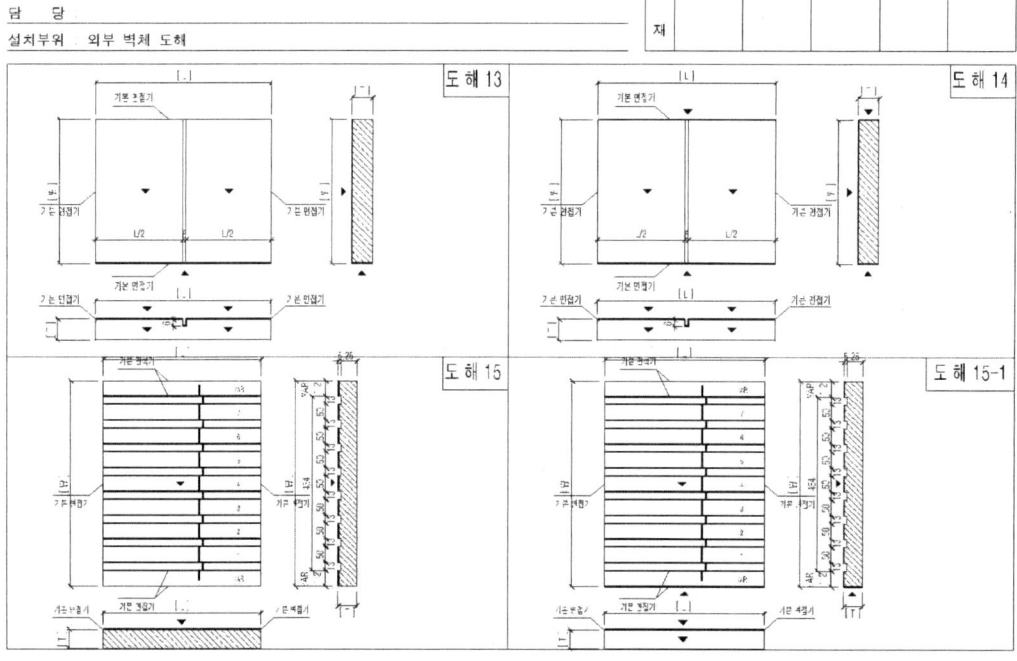

7. Shop drawing 및 가공 상세도 예 125

가 공 상 세 도 - 6

공 사 명
담 당
설치부위 : 외부 벽체 도해

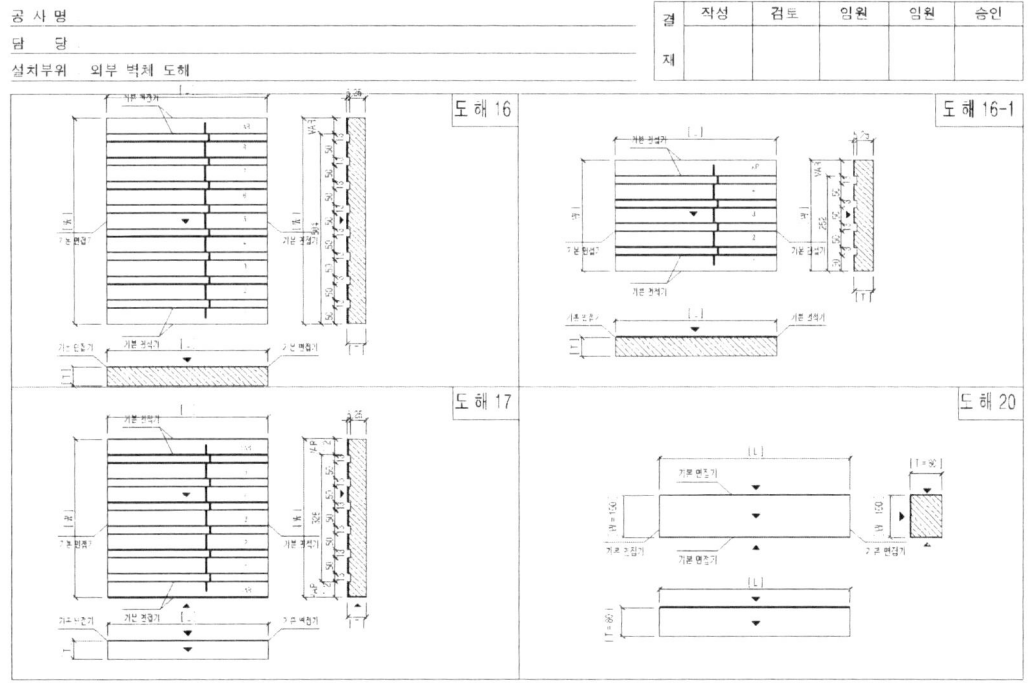

가 공 상 세 도 - 7

공 사 명
담 당
설치부위 : 외부 벽체 도해

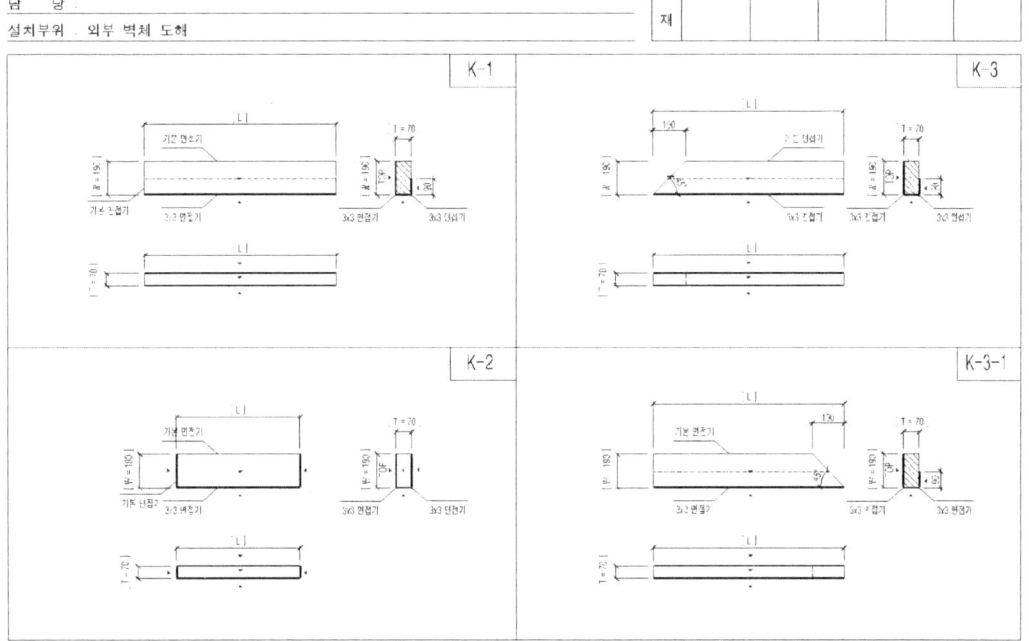

126　석공사 입문

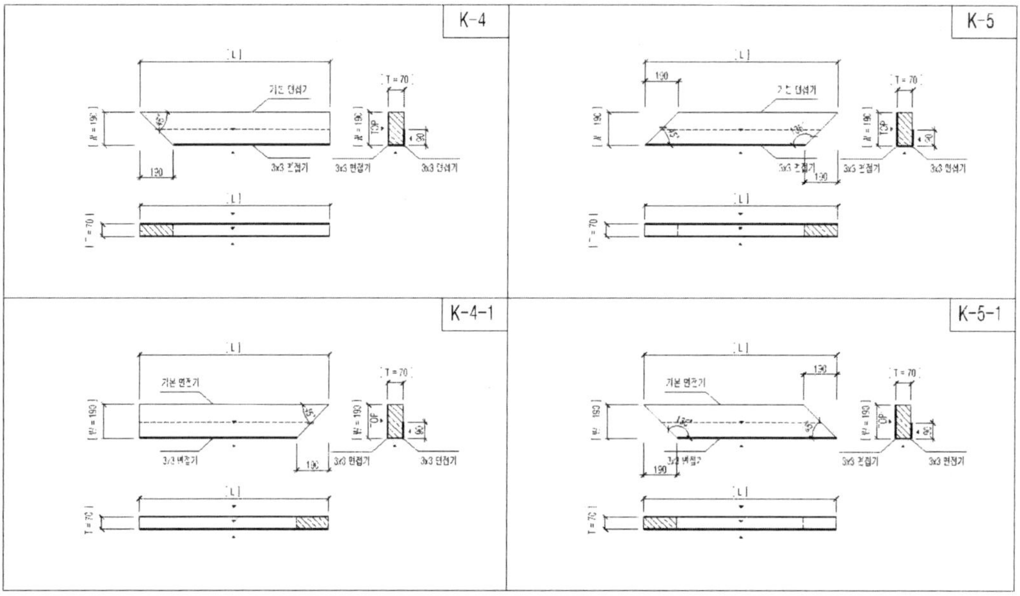

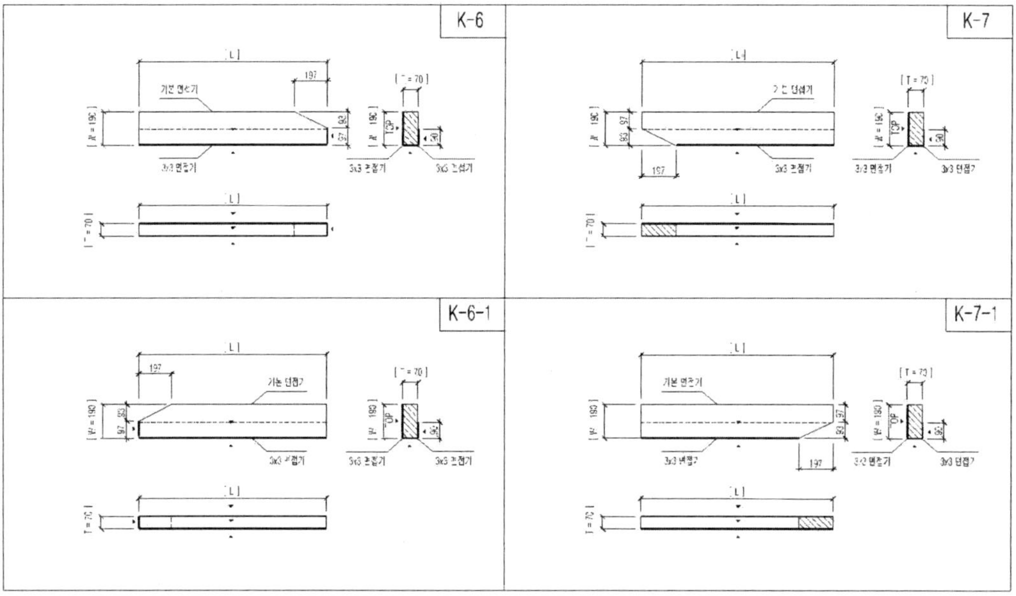

7. Shop drawing 및 가공 상세도 예   127

가 공 상 세 도 - 10

공 사 명 :
담 당 :
설치부위 : 외부 벽체 도해

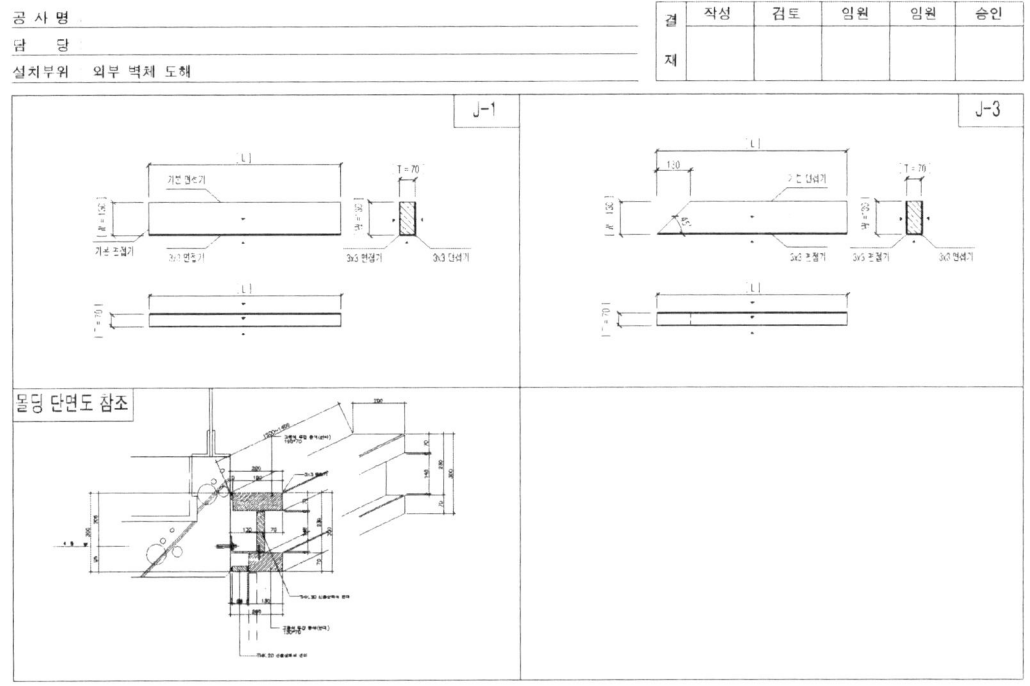

가 공 상 세 도 - 11

공 사 명 :
담 당 :
설치부위 : 외부 벽체 도해

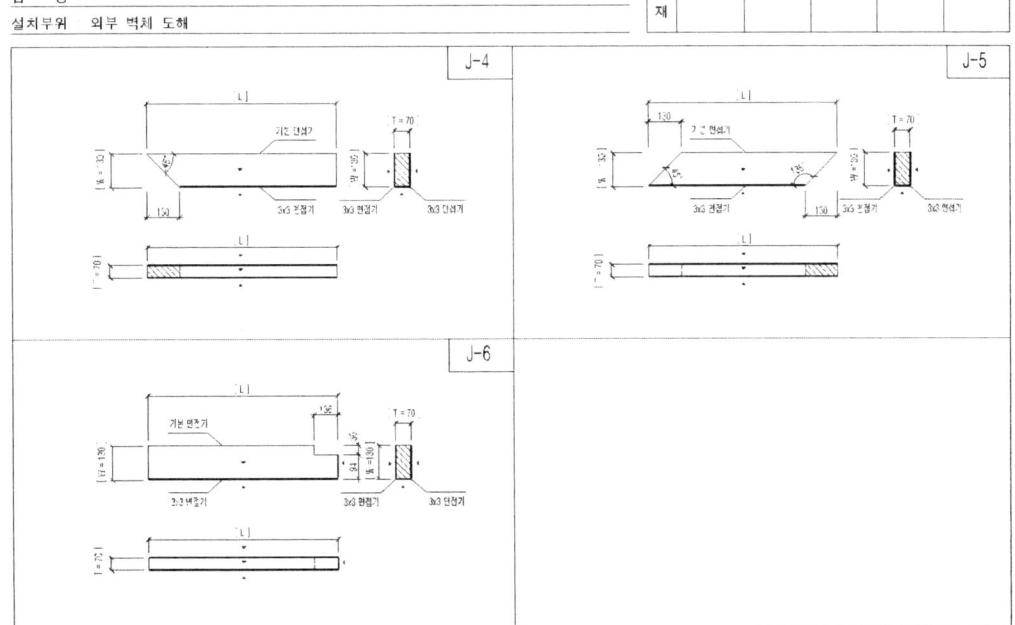

08
석재 견적

8.1 적산과 견적의 정의

8.1.1 적산

적산이란 공사에 소요되는 재료 및 품의 수량을 산출하는 작업으로 누가 해도 큰 차이가 없다. 그러나 도면의 완성도에 따라 완성도가 떨어지는 경우 현장 경험에 차이에 따라 도면에 표현되지 않은 부분을 산출함에 따라 수량 차이가 많이 나타난다. 예로 외부 창틀 주위의 석재 산출 등이 있다. 석공사의 경우 ㎡당 단가가 다른 마감재에 비해 상당히 높기 때문에 상당한 주의로 요한다. 또한 표면을 마무리한 것은 면적으로 산출한다.

8.1.2 견적

공사에 소요되는 재료 및 품의 수량 즉, 공사량에 단가를 곱해서 공사가격을 산출하는 작업이다. 또한 견적은 공사 계획시, 공사 수주시, 공사 수행 및 완료시 발주자 및 시공자가 다같이 필요로 한다. 특히 시공자에게는 경영의 성패를 좌우하는 것이며, 시공방법의 공업화, 규격화, 기계화 공법의 개발 및 신기술 진전 등에 의하여 보다 과학적이고 효율적인 견적 업무가 필요하다.

8.2 적산 일반

8.2.1 적산기준

1) 수량산출에 앞서 석산에 따라 가격차이가 있으므로 석재의 종류(색상), 마감방법(물갈기, 버너, 혹두기, 잔다듬 등)을 확인 숙지한다.
2) 일반적으로 바닥은 습식, 내벽은 습식, 외벽은 건식공법을 사용하며, 예외인 경우도 있다. 시공방법에 따라 구분 산출한다.(건식, 습식)
3) 사용석재를 규격별로 분류하여 산출한다.
4) 판재의 경우 재료, 마감방법, 두께, 붙임 모르타르 두께(건식의 경우 제외)에 따라 분류, 마감면적으로 산출한다.
5) 계단석, 두겁돌, 걸레받이의 경우는 재료, 마감방법, 석재규격, 붙임모르타르(건식의 경우 제외)에 따라 분류, 길이로 산출하기도 한다.
6) 사용석재의 형상이 불규칙할 경우 최대 치수로 산출한다.
7) 석재 두께와 타부재의 마감치수의 차이로 인한 요철을 방지토록 확인 검토한다.
8) 외산석 사용시 수입가능 여부, 수입기간 등을 감안하여 발주처와 상의한다.
9) 석재 Joint 부분의 특수마감재 사용여부를 검토한다.
10) 기타 석재쌓기는 정미면적으로 산출하며, 뒷채움 모르타르의 평균 두께를 표시한다.
11) 공장제 테라조의 경우 석재와 동일하게 산출한다.

8.2.2 수량산출방법

1) 석재는 형상별 개수로 산출하거나 표면적으로 산출한다(두께별).
   ① 개수로 산출
      주춧돌, 주두, 디딤돌(통돌인 경우), 기둥(원형) 등
   ② 길이로 산출
      두겁돌, 걸레받이, 창대석, 통석계단, 경계석 등
   ③ 체적으로 산출
      잡석, 각석 등

④ 표면적으로 산출

벽쌓기, 벽붙임, 바닥깔기, 석축 등(두께별)

⑤ 부착공법에 의한 분류

습식공법 : 바닥이나 실내의 벽은 통상 습식으로 한다.

건식공법 : 외벽공법은 건식을 많이 사용한다.

⑥ 표면마감에 의한 분류

물갈기, 잔다듬, 거친다듬, 혹두기, 버너, 자연석 등으로 분류

물갈기인 경우는 표면적 전체를 면적으로 산출한다.

2) 산출방법 예(측면과 옆면 가공시 필히 면적에 가산해야 한다.)

① 화강석 물갈기

$(A = (a+b \times 2) \times L)$

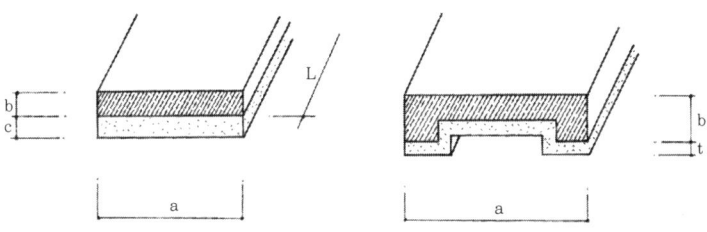

② 화강석 두겁돌 정다듬

* 계단석, 걸레받이(규격별 L)

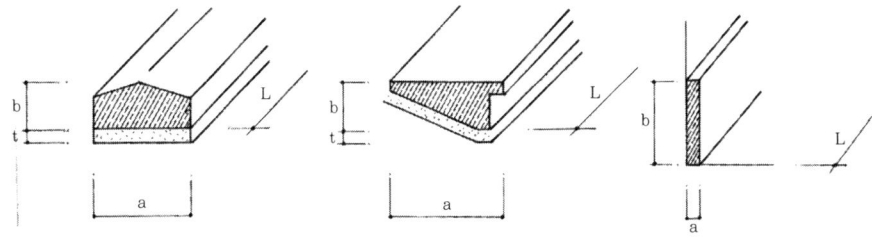

③ 공장제 테라조

(A = (a+b×+c)×L)

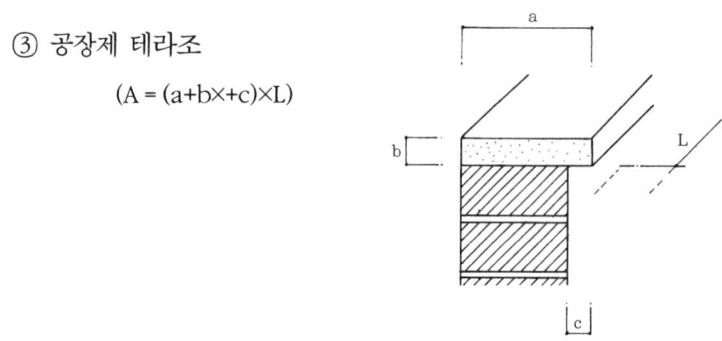

8.2.3 주의사항

1) 인건비에는 바탕모르타르 깔기까지 포함된 단가로 하고 철물류도 포함 단가로 한다.
2) 외벽건식인 경우는 앵커가 스테인레스 종류 등으로서 녹물이 나지 않아야 되고 인건비와 앵커 자재비 등을 포함한 단가로 습식보다 높게 산정해야 한다.
3) 대리석은 가격의 변동이 심하고, 외벽에는 원칙적으로 사용하지 않는 것이 타당하다(변색 및 풍화작용이 심하므로).
4) 계단석이 통돌인 경우 길이로 산출한다.
5) 가공면이 있거나 원형 등 가공의 난이가 심하고 손실이 심한 아치석 등은 일반단가를 적용하지 않는다.
6) 건식공법인 경우 앵커 주위 방수 및 석재 조인트 코킹 포함 여부를 확인한다.
7) 바탕 및 붙임 모르타르는 시멘트, 모래만 별도 계상한다.

8.2.4 적산자료

아래 취급되어진 자재, 노임단가는 2009년 정부노임 및 자재단가로 실제 적용시는 당해 연도 정부 노임 및 자재단가를 적용하며, 품은 8시간 기준이다.

1) 석재판 붙임

① 습식공법(석재판 자재비 제외)

■ 대리석 판 (m²당)

구 분	규 격	단위	단 가	바 닥		평 벽		징두리벽	
				수량	금 액	수량	금 액	수량	금 액
모 르 터	1:3(바름두께30mm)	m³	121,198	0.032	3,878.3	0.035	4,241.9	0.035	4,241.9
철 물	황동	kg	6,580	-	-	2.25	14,805.0	2.25	14,805.0
재료비소계					3,878		19,046		19,046
석 공		인	103,576	0.35	36,251.6	0.45	46,609.2	0.55	56,966.8
보통인부		〃	66,622	0.18	11,991.9	0.36	23,983.9	0.44	29,313.6
인건비소계					48,243		70,593		86,280
합 계					52,121		89,639		105,326

■ 화강석 판 (m²당)

구 분	규 격	단위	단 가	바 닥		평 벽		징두리벽	
				수량	금 액	수량	금 액	수량	금 액
모 르 터	1:3(바름두께40mm)	m³	121,198	0.045	5,453.9	0.045	5,453.9	0.045	5,453.9
철 물	황동	kg	6,580	-	-	2.25	14,805.0	2.25	14,805.0
재료비소계					5,453		20,258		20,258
석 공		인	103,576	0.49	50,752.2	0.57	59,038.3	0.70	72,503.2
보통인부		〃	66,622	0.25	16,655.5	0.46	30,646.1	0.56	37,308.3
인건비소계					67,407		89,684		109,811
합 계					72,860		109,942		130,069

■ 테라조 판 (㎡당)

구 분	규 격	단위	단 가	바 닥		평 벽		징두리벽	
				수량	금 액	수량	금 액	수량	금 액
모 르 터	1 : 3(바름두께30mm)	㎥	121,198	0.032	3,878.3	0.035	4,241.9	0.035	4,241.9
철 물	황동	kg	6,580	-	-	2.25	14,805.0	2.25	14,805.0
재료비소계					3,878		19,046		19,046
석 공		인	103,576	0.35	36,251.6	0.45	46,609.2	0.55	56,966.8
보통인부		〃	66,622	0.18	11,991.9	0.36	23,983.9	0.44	29,313.6
인건비소계					48,243		70,593		86,280
합 계					52,121		89,639		105,326

■ 점판암 (㎡당)

구 분	규 격	단위	단 가	바 닥		평 벽		징두리벽	
				수량	금 액	수량	금 액	수량	금 액
모 르 터	1 : 3(바름두께20mm)	㎥	121,198	0.021	2,545.1	0.023	2,787.5	0.023	2,787.5
재료비소계					2,545		2,787		2,787
석 공		인	103,576	0.15	15,536.4	0.20	20,715.2	0.24	24,858.2
보통인부		〃	66,622	0.08	5,329.7	0.10	6,662.2	0.12	7,994.6
인건비소계					20,866		27,377		32,852
합 계					23,411		30,164		35,639

해설 ① 본 품은 공장가공 제품일 때를 기준한 것이다.
② 석재의 할증률은 정형물일 때 10%, 부정형물일 때 30%로 한다.
③ 바닥이 수평면 및 완만한 경사일 경우에는 철물을 계상하지 아니한다.
④ 특수한 모양이거나 소규모 공사로서 공장가공제품의 사용이 불가능할 경우에는 가공에 대한 품은 별도 계상할 수 있다.
⑤ 모르터 배합 1 : 3을 기준한 것이다.

② 건식공법
■ 앵커 지지공법
(㎡당)

구 분	규 격	단위	단가	수량	금 액	비 고
석 재 판	900×600×30mm	㎡	별도	1.06	-	*포천석(연마)일 경우임
철 물	앵커볼트 포함	조	별도	4.33	-	설계수량에 의거 증감가능
접 착 제		kg	별도	-	-	필요한 경우는 별도 계상
공구손료	인건비의 3%	식		1	2,035.6	
재료비소계					2,035	
석 공		인	103,576	0.43	44,537.6	
보통인부		〃	66,622	0.35	23,317.7	
인건비소계					67,855	
합 계					69,890	

[해설] ① 본 품은 공장가공제품을 사용하여 평면벽체에 사용할 때를 기준으로 한 것으로 시공부위가 다르거나 모양이 특수한 경우 또는 소규모 공사로서 공장가공제품의 사용이 곤란한 경우에는 별도 계상한다.
② 본 표에는 재료의 할증률 및 소운반품이 포함되어 있으며, 줄눈시공시 재료 및 품은 별도 계상한다.

■ 강재트러스 지지공법
(㎡당)

구 분	규 격	단위	단가	수량	금 액	비 고
석 공		인	103,576	0.34	35,215.8	
비 계 공		〃	116,264	0.09	10,463.7	
용 접 공		〃	102,522	0.20	20,504.4	
보통인부		〃	66,622	0.26	17,321.7	
공구손료	인건비의 3%	식		1	2,505.1	
합 계					86,010	

[해설] ① 본 품은 공장가공된 석재 및 강재트러스를 사용하여 평면벽체에 설치할 때를 기준한 것으로 시공부위가 다르거나 모양이 특수한 경우에는 별도 계상하며, 본 표에는 연결철물 설치와 소운반품이 포함되어 있다.
② 부자재 및 소모재료는 설계에 따라 별도 계상하고, 줄눈시공시 재료 및 품은 별도 계상한다.
③ 본 표는 타워크레인을 이용하여 설치할 때의 품이며 타워크레인의 기계경비는 별도 계상한다.

8.3 석공사 적산연습

적산 예1 다음 입면도를 보고 석재수량을 구분해서 산출하시오.(개구부는 없음)

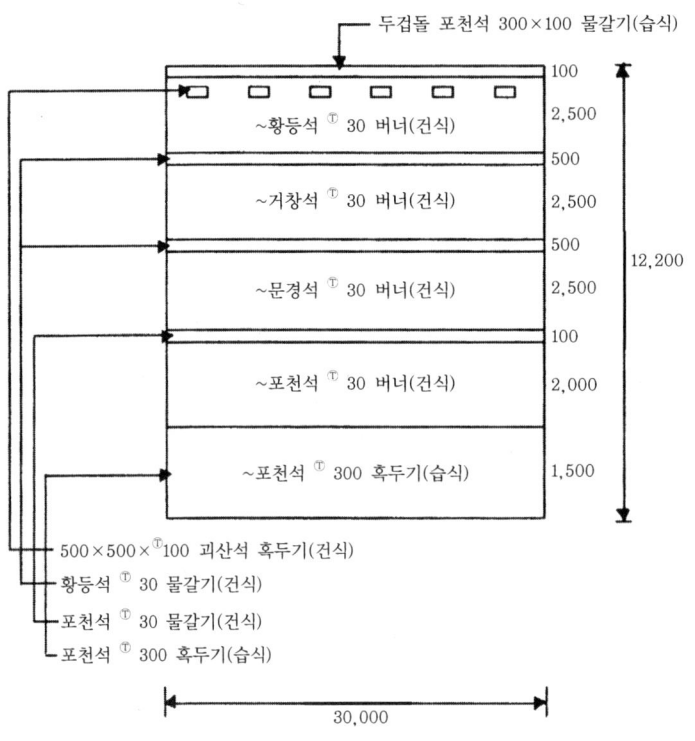

해설 석공사 수량산출시 석재의 종류, 공사방법(건식인가 습식인가 등등), 표면 마무리(흑두기, 버너, 물갈기 등등) 등에 따라 구분해서 수량을 산출하여 단위는 ㎡, m, 개 등으로 할 수 있다. 또한 본 문제는 개구부가 없는 것으로 되어 있으나 실제상으로 개구부 부위는 디테일 도면을 보고 개구부의 옆면, 윗면, 아랫면을 산출해야 하며, 이 부위의 수량이 누락될시 현저한 수량이 누락된다. 건식공법시 코킹의 수량은 m로 산출하며 별도 산출 또는 석재 수량에 포함시켜 단가에 포함시킬 수 있으며, 건식용 앵커철물은 별도로 산출하지 않아도 된다. 습식공법인 경우 이에 사용되는 시멘트, 모래는 석재 수량 산출후 일위대가에 의해 별도 산출한다.

∴ 포천석 두께 300mm 흑두기 마감, 습식 = 30×1.5 = 45(㎡)
   포천석 두께 30mm 버너 마감, 건식 = 30×2.0 = 60(㎡)
   포천석 두께 30mm 물갈기 마감, 건식 = 30×0.1 = 3(㎡)
   문경석 두께 30mm 버너 마감, 건식 = 30×2.5 = 75(㎡)
   황등석 두께 30mm 물갈기 마감, 건식 = 30×0.5×2개소 = 30(㎡)
   거창석 두께 30mm 버너 마감, 건식 = 30×2.5 = 75(㎡)

황등석 두께 30mm 버너 마감, 건식 = 30×2.5 = 75(㎡)
두겁돌 포천석 300×100 물갈기, 습식 = 30m
괴산석 500×500×100, 혹두기, 건식 = = 6개소

적산 예2 다음 Unit화된 바닥 화강석 마감을 참조해서 바닥면적 300㎡인 Hall 바닥의 석재 수량을 산출하고 모르타르량을 구하시오.

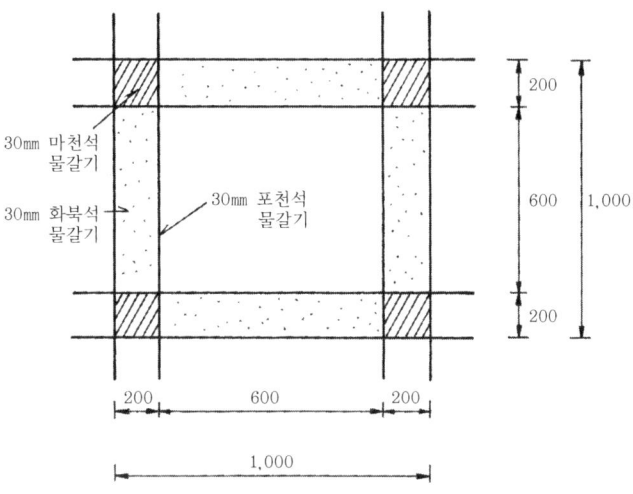

해설 1㎡당 3종류의 석재가 Pattern 무늬로 배열되어 있으므로
30mm 포천석 물갈기 = 0.6×0.6 = 0.36(㎡)
30mm 화북석 물갈기 = 0.2×0.6×4개 = 0.48(㎡)
30mm 마천석 물갈기 = 0.2×0.2×4개 = 0.16(㎡)
∴ 개략적으로 300㎡ 바닥에 배열되는
30mm 포천석 물갈기 = 0.36×300 = 108(㎡)
30mm 화북석 물갈기 = 0.48×300 = 144(㎡)
30mm 마천석 물갈기 = 0.16×300 = 48(㎡)
또한 모르타르량은 화강석 바닥인 경우 1㎡당 0.045㎥가 소요됨(5. 적산자료, 석재판 붙임 참조)으로 300㎡×0.045㎥/㎡ = 13.5㎥

적산 예3 다음 도로경계석의 수량을 산출하시오.

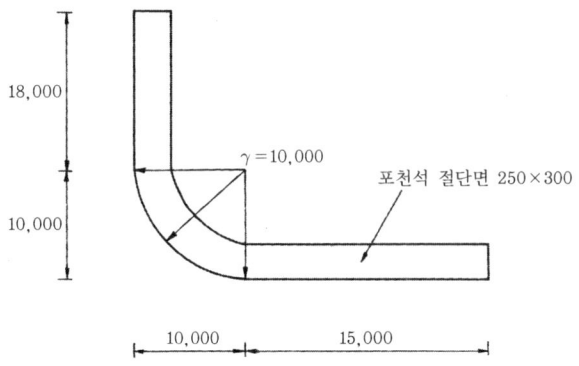

해설 포천석 절단면 250×300 : 15.0+18.0 = 33.0(m)
포천석 절단면 250×300 round형

$\gamma = 10.0\text{m} : 2 \times 10.0 \times \pi \times \dfrac{1}{4} = 15.71(\text{m})$

석공사 수량산출시 원형 타입(round형)을 구분해서 산출한다. 이것은 원형 타입은 직선형에 비해 원석이 크고, 손가공이 있어 단가가 높기 때문임.

적산 예4 20m²에 25cm각 견치돌을 사용시 필요한 개수는?

해설 1m²당 필요한 개수가 16개이므로
16개×20m² = 320개

[참고] 돌쌓기의 개수 및 중량의 표준 (m²당)

뒷길이 \ 단위 \ 종별		견치돌	깬돌 및 깬잡석	야면적
25cm(17cm×17cm)	개	32	33	
	kg	192	13	
30cm(20cm×20cm)	개	23	24	28
	kg	368	264	420
35cm(25cm×25cm)	개	16	17	23
	kg	480	340	575
45cm(30cm×30cm)	개	11	12	16
	kg	627	480	880

뒷길이 \ 단위 \ 종별	단위	견치돌	깬돌 및 깬잡석	야면적
55cm(35cm×35cm)	개	8	9	11
	kg	752	504	1,100
60cm(40cm×40cm)	개	6	6	-
	kg	822	540	-
75cm(50cm×50cm)	개	4	4	-
	kg	1,028	560	-

뒷길이는 대략 각 치수의 1.5배 정도가 된다.

[적산 예 5] 600mm×800mm 화강석 판재(두께 30mm) 250장을 5톤 트럭으로 운반하려면 몇 대의 트럭이 필요한가?

[해설] 전체 부피는 0.6×0.8×0.03×250장 = 3.6m^3

석재의 단위중량 2.65(2.6~2.7)ton/m^3

∴ 3.6m^3×2.65ton/m^3 = 9.54ton → 즉 2대가 필요

※ 주요 자재에 대한 단위중량을 알아둘 필요가 있다. 부록편에 각종 자재의 단위중량표가 있음.

09

자재 발주 예

작 업 의 뢰 서

공 사 명 :
담　　당 :　　　　　　　　　지시일자 : 2011. 11. 23.　　발주공장 :
설치 부위 : 103동 외부 벽체　　반입일자 : 2011. 12. 16.　　발주번호　59

결	작성	검토	임원	임원	승인
재					

CODE NO	설치부분	석종	마감	제품 번호	규격 T x W x L			수량 EA	M2	도해
10	103동 벽체 1번면	신용성화석	연마	3-1-1	30 x	410 x	355	1	0.15	도해3
				3-1-2	30 x	562 x	355	16	3.19	도해5
				3-1-3	30 x	174 x	355	1	0.06	도해3
				3-1-4	30 x	410 x	1,013	1	0.42	
				3-1-5	30 x	562 x	1,013	5	2.85	
				3-1-6	30 x	515 x	1,013	3	1.57	
				3-1-7	30 x	562 x	1,013	2	1.14	도해1-1
				3-1-8	30 x	174 x	1,013	1	0.18	도해1-1
				3-1-9	30 x	410 x	230	1	0.09	
				3-1-10	30 x	230 x	1,130	9	2.34	도해14
				3-1-11	30 x	410 x	961	2	0.79	
				3-1-12	30 x	562 x	961	2	1.08	
				3-1-13	30 x	515 x	961	2	0.99	
				3-1-14	30 x	562 x	961	4	2.16	도해1-1
				3-1-15	30 x	140 x	961	4	0.54	
				3-1-16	30 x	174 x	961	2	0.33	도해1-1
				3-1-17	30 x	410 x	274	1	0.11	
				3-1-18	30 x	274 x	1,130	9	2.79	도해13
	계							66	20.76	

참　고

•범례) 1-1-1 = 동-입면번호-석번
•마구리 연마면 2mm 면접기
•면별 PACKING 요망
•두께 허용오차 ±1mm이내로 작업할것

석종 : 신용성화석		
30T 연마	1,068.68	M2
30T 줄다듬	46.38	M2
30T 외도 (주룸입구)	-	M2
20T 시다, 요꼬	71.01	M2
석종 : 고흥석		
30T 연마 후버	32.74	M2
석종 : 소월그레이		
30T 연마	-	M2
30T 외도 후버	94.80	M2
합 계 :	1,313.61	M2

ＯＯ건설

작 업 의 뢰 서

공 사 명:
담   당: 지시일자 : 2011. 11. 23.   발주공장:
설치 부위 : 103동 외부 벽체   반입일자 : 2011. 12. 16.   발주번호 60

결재: 작성 / 검토 / 임원 / 임원 / 승인

CODE NO	설치부분	석종	마감	제품 번호	규격 T x W x L			수량 EA	M2	도해	참 고
10	103동 벽체 1번면	신용성회석	연마	3-1-19	30 x	410 x	740	1	0.30	도해1	
				3-1-20	30 x	562 x	740	16	6.65	도해2	
				3-1-21	30 x	174 x	740	1	0.13	도해1	
				3-1-22	30 x	410 x	1,272	3	1.56		
				3-1-23	30 x	562 x	1,272	3	2.14		
				3-1-24	30 x	515 x	1,272	3	1.97		
				3-1-25	30 x	562 x	1,272	6	4.29	도해1-1	
				3-1-26	30 x	140 x	1,272	6	1.07		
				3-1-27	30 x	174 x	1,272	3	0.66	도해1-1	
				3-1-28	30 x	410 x	950	1	0.39	도해1	
				3-1-29	30 x	562 x	950	16	8.54	도해2	
				3-1-30	30 x	174 x	950	1	0.17	도해1	
				3-1-31	30 x	410 x	1,458	1	0.60		
				3-1-32	30 x	562 x	1,458	1	0.82		
				3-1-33	30 x	174 x	1,458	1	0.25	도해1-1	
				3-1-34	30 x	410 x	130	1	0.05		
				3-1-35	30 x	130 x	1,130	9	1.32	도해13	
				3-1-36	30 x	410 x	560	1	0.23	도해1	
				3-1-37	30 x	562 x	560	16	5.04	도해1	
				3-1-38	30 x	174 x	560	1	0.10	도해1	
	계							91	36.29		

○○건설

작 업 의 뢰 서

공 사 명:
담   당: 지시일자 : 2011. 11. 23.   발주공장:
설치 부위 : 103동 외부 벽체   반입일자 : 2011. 12. 16.   발주번호 61

결재: 작성 / 검토 / 임원 / 임원 / 승인

CODE NO	설치부분	석종	마감	제품 번호	규격 T x W x L			수량 EA	M2	도해	참 고
10	103동 벽체 1번면	신용성회석	연마	3-1-39	30 x	410 x	295	1	0.12		
				3-1-40	30 x	295 x	1,130	9	3.00	도해10	
				3-1-42	30 x	410 x	365	1	0.15		
				3-1-43	30 x	365 x	1,130	9	3.71	도해13	
				3-1-45	30 x	410 x	300	1	0.12		
				3-1-46	30 x	300 x	1,130	9	3.05	도해10	
				3-1-48	30 x	410 x	994	2	0.82		
				3-1-49	30 x	562 x	994	32	17.88		
				3-1-50	30 x	174 x	994	2	0.35		
				3-1-51	30 x	410 x	994	1	0.41	도해3	
				3-1-52	30 x	562 x	994	16	8.94	도해3	
				3-1-53	30 x	174 x	994	1	0.17	도해3	
				3-1-54	30 x	410 x	470	1	0.19	도해3	
				3-1-55	30 x	562 x	470	16	4.23	도해5	
				3-1-56	30 x	174 x	470	1	0.08	도해3	
	계							102	43.21		

○○건설

9. 자재 발주 예

작 업 의 뢰 서

공 사 명 :
담   당 : 지시일자 : 2011. 11. 23. 발주공장 :
설치부위 : 103동 외부 벽체 반입일자 : 2011. 12. 16. 발주번호 62

결	작성	검토	임원	임원	승인
재					

CODE NO	설치부분	석 종	마 감	제품 번호	규 격 T x W x L			수 량 EA	M2	도해	참 고
10	103동 벽체 1번면	신용성회석	연마	3-1-57	30 x	410 x	1,016	2	0.83		
				3-1-58	30 x	562 x	1,016	2	1.14		
				3-1-59	30 x	515 x	1,016	2	1.05		
				3-1-60	30 x	562 x	1,016	4	2.28	도해1-1	
				3-1-61	30 x	140 x	1,016	4	0.57		
				3-1-62	30 x	174 x	1,016	1	0.18	도해1-1	
				3-1-63	30 x	410 x	1,038	1	0.43		
				3-1-64	30 x	562 x	1,038	16	9.33	도해1	
				3-1-65	30 x	174 x	1,038	1	0.18		
				3-1-66	30 x	410 x	1,038	1	0.43		
				3-1-67	30 x	562 x	1,038	16	9.33		
				3-1-68	30 x	174 x	1,038	1	0.18		
				3-1-69	30 x	410 x	1,038	1	0.43	도해3	
				3-1-70	30 x	562 x	1,038	16	9.33	도해3	
				3-1-71	30 x	174 x	1,038	1	0.18	도해3	
	계							69	35.87		

○○건설

작 업 의 뢰 서

공 사 명 :
담   당 : 지시일자 : 2011. 11. 23. 발주공장 :
설치부위 : 103동 외부 벽체 반입일자 : 2011. 12. 16. 발주번호 63

결	작성	검토	임원	임원	승인
재					

CODE NO	설치부분	석 종	마 감	제품 번호	규 격 T x W x L			수 량 EA	M2	도해	참 고
10-1	103동 벽체 1번면	신용성회석	연마	3-1-72	20 x	95 x	1,130	45	4.83		┐요꼬석
				3-1-73	20 x	95 x	1,300	6	0.74		
				3-1-74	20 x	120 x	1,130	24	3.25		┘
				3-1-75	20 x	95 x	1,073	3	0.31		┐
				3-1-76	20 x	95 x	991	6	0.56		
				3-1-77	20 x	95 x	1,302	6	0.74		
				3-1-78	20 x	95 x	1,272	3	0.36		├시다석
				3-1-79	20 x	95 x	1,538	3	0.44		
				3-1-80	20 x	95 x	1,046	3	0.30		
				3-1-81	20 x	95 x	1,066	3	0.30		┘
10				3-1-82	30 x	145 x	1,073	3	0.47	도해6	┐
				3-1-83	30 x	145 x	991	6	0.86	도해6	
				3-1-84	30 x	145 x	1,302	6	1.13	도해6	
				3-1-85	30 x	145 x	1,272	3	0.55	도해6	├창대석
				3-1-86	30 x	145 x	1,538	3	0.67	도해6	
				3-1-87	30 x	145 x	1,046	3	0.46	도해6	
				3-1-88	30 x	145 x	1,066	3	0.46	도해6	┘
	계							129	16.44		

○○건설

작 업 의 뢰 서

공 사 명 :										
담 당 :			지시일자 : 2011. 11. 23.			발주공장 :				
설치 부위 : 103동 외부 벽체			반입일자 : 2011. 12. 16.			발주번호 64				

CODE NO	설치부분	석종	마감	제품 번호	규격 T x W x L			수량 EA	수량 M2	도해	참 고
11	103동 벽체 1번면	신용성회석	물다듬	3-1-1	30 x	562 x	1,458	1	0.82	도해15	
				3-1-2	30 x	590 x	1,458	1	0.86	도해16	
				3-1-3	30 x	562 x	1,458	2	1.64	도해15-1	
				3-1-4	30 x	562 x	1,458	2	1.64	도해15	
				3-1-5	30 x	270 x	1,458	2	0.79	도해16-1	
	계							8	5.74		

○○건설

10
석공사 시공계획서와 작성 기준

10.1 시공계획서 작성 의

1) 시공계획서는 공사 시작 전 작업 품질을 구현하기 위한 사전계획으로, 설계 도서를 근거로 관리 대상인 5M(Material, Man, Method, Machine, Money)과 시간을 안배, 조직구성을 하고 공사 방침을 세워 시공 시 목표 품질을 어떻게 달성할 수 있을지를 해결방법론에 따라 작업 내용을 기술한 문서이다.

2) 시공계획서의 구분은
  ① 착공 시 공사 방향을 설정하는 시공계획서와
  ② 단위 공종공사 시작 전 준비하는 공종별 시공계획서로 구분 할 수 있다.

3) 시공계획서의 구성내용은 설계도서(도면, 시방서, 내역서, 수량산출서 및 기타 공사 관련 도서)와 계약서를 근거로 하여 요구 목표 품질을 완성하겠다는 시공관리 체계, 조직구성, 공사 지침과 계획이 포함되고, 계획 후 요식 행위에 그치지 않고 실제 시공 시 이 시공계획서를 기본으로 실시, 검토, 검측하며 검증 수행해야 한다는 인식이 필요하다.
  개략적인 구성의 틀을 정리하면

① 공사개요(작업 계약 범위 포함)
② 시공 방침 및 관리 목표
③ 조직도(인적자원관리체계)
④ 공정표(단위 공종의)
⑤ 자재투입계획
⑥ 인력투입계획
⑦ 장비동원계획
⑧ 품질관리 계획
⑨ 안전 및 환경관리 계획
⑩ 공정별 시공 절차와 시공 방법(작업지침)
⑪ 기타(마무리 관련 시공 상세도서, Shop Drawing과 설명서 등)
  - 공사착수회의(Kick-off Meeting)를 사전에 열어 공사관계자(감리자, 원도급자. 석공사 현장직원)들이 함께 모여 협의하여 시공 방침을 확정하고, 공유하며, 작업 시 검사, 검측 체크리스트에 까지 반영하여 그 성취도를 확인 검증하며 품질을 완성토록 노력해야 계획서 작성의 실효성이 있다.
  - 경우에 따라 반복하자의 종류와 줄이기 대책을 같이 정리하면 좋을 것이다.

4) 석공사 시공계획서를 준비해야 하는 대표적 단위 공종을 열거해 보면
석재 가공, 석재 시공, 코킹, 단열재 시공(경우에 따라 발주자 요구로 인해), 트러스, 폴리싱 타일이나 테라죠 타일 시공(경우에 따라 발주자 요구로 인해), 가설(비계 설치 및 해체, 사무실 등), Shop Drawing(석재 Shop CAD, 트러스 Shop CAD) 등이 있다.

5) 석공사 시공계획서의 자료는 대형 업체를 중심으로 많이 일반화되어 있으며, 본서에서는 대형 아파트 석공사를 예시적으로 첨부하였다.

10.2 구체적 작성 기준 항목(예)

1) 표지

2) 주요 투시도 또는 조감도
3) 목차
4) 공사 개요
5) 현장 운영 및 시공관리계획
   - 현장운영계획
     - 기본 방향 및 조직도
     - 현장 운영 조직 계획
     - 공동 수급체 운영 계획
     - 현장 운영 SYSTEM
   - 시공 관리 계획
     - 공정 관리 추진 계획
     - 공정 및 원가 통합 관리 계획
     - PRE - CONSTRUCTION 검토 계획
     - 공정계획 사전 검토
     - 규모가 큰 공사시 ZONING 계획
     - 주 공정 계획 및 검토
     - 공정 달성 세부 수행 방법
     - 주요 공사 공기 산정
     - 단계별 공정관리 계획
     - 전체 공정표
     - 품질관리계획 (주요 자재의 내구성 확보, 유지관리 성능확보, 하자예방을 위한 시공관리 계획, 하자다발 부위의 품질 관리 대책)
     - 환경관리계획 (소음, 진동, 비산먼지 등등의 방지, 폐기물 처리)
     - 안전관리계획
     - 자재투입계획
     - 인원투입계획
     - 장비투입계획

6) 사전 조사 및 현황 분석
   - 기본 방향

- 주변 현황
- 민원 요인
- 기상 현황

7) 공법 선정 및 관리 계획
   - 공법 선정 기본 방향
   - 공법 선정 반영 사항
   - 공법 선정 주안점
   - 적용 공법 개요도
   - 공법 적용 흐름도
   - 각종 석공사 공법
   - 유지관리 계획

8) 가설 및 양중 계획
   - 가설 계획
     - 가설 사무실 배치, 비계 설치 및 해체 등
   - 양중 계획 (특히 건축공사에서 기 설치된 양중시설 이용 시 긴밀한 공사 협의 중요)
     - 기본 방향
     - 양중 자재 분석
     - 양중 장비 투입 계획 또는 기 설치된 건축 장비 사용 계획 철저
     - 석재 반입 및 양중

9) 자재 선정 및 투입 계획
   - 기본 방향
   - 자재 선정 업무 흐름
   - L.C.C. 활동 계획
   - 성능 분석에 따른 선정 자재 세부 사항
   - 석재 세부 사항
   - 부속 자재(앙카 철물, 코킹 등) 세부 사항

10.3 시공계획서 실례(아파트 현장)

석공사 시공계획

`00년 00월 00일

○○아파트

○○건설

목 차

1. 개 요
2. 공정계획
3. 가설계획
4. 석재 생산/가공계획
5. 석재 설치계획
6. 주요 Detail 진행현황
7. 품질 및 안전계획
8. 주요 현안 및 대책
9. 질의 응답

150 석공사 입문

1. 개 요
2. 공정계획
3. 가설계획
4. 석재 생산 가공계획
5. 석재 설치계획
6. 주요 Detail 진행현황
7. 품질 및 안전계획
8. 주요 문제점 및 대책
9. 질의 응답

1. 개 요

■ Project 개요 – 1

■ 조 감 도

공사개요	공 사 명	○○동 ○○아파트 재개발현장
대지개요	대지위치	○○시 ○○구 ○○동 ○○○번지 일대
	대지면적	47,783.00 M2
	지역지구	제2종 일반주거지역, 재정비촉구지구
건축개요	용 도	공동주택(아파트 및 부대복리시설)
	건축면적	9,550.343 M2
	연 면 적	166,845.655 M2
	층수/높이	지하4층, 지상11층~20층
	구 조	철근콘크리트

1. 개 요

■ 석공사 개요

▪ 개 요

- 공사 범위 : 외부 14개동(101동~114동), 부속건물외 석공사 일체
- 공사 기간 : 2011. 10. ~ 2012. 12.
- 외벽 석종 : 신용성회석, 스틸그레이, 고흥석 외 기타.
- 외벽 공법 : Anchor 건식 공법

▪ 주요물량

구 분	단 위	물 량	비 고
신용성회석	M2	29,713	외부 벽체, 공용시설 벽체
신용성회석	M	1,726	파라펫, 피로티, 공용시설 몰딩
스틸그레이	M2	2,790	외부 포인트벽체, 공용시설 벽체
고흥석	M2	700	공용시설 벽체, 바닥 포인트
고흥석	M	2,330	외부 벽체 몰딩
포천석	M2	2,776	바닥(디딤판, 챌판)
흑금찬	M2	692	공용시설 벽체

1. 개 요

■ 공사 조직도

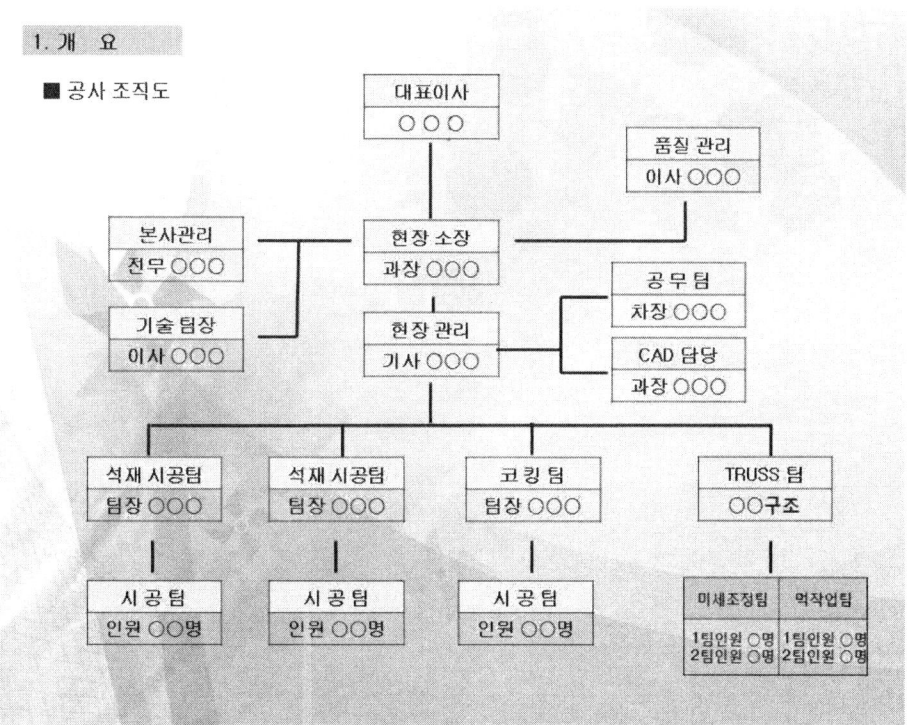

1. 개 요

■ 현장관리 방침

본 품질계획서는 ○○건설에서 시공하는
공사중 석공사의 계약요건 및 품질시스템을 충족시켜
고객만족 및 신뢰성 확보를 실천하는데 있다.

● 고객 만족을 위한 고품질의 공간창조 ●

● 추 진 목 표 ●

1. 정밀가공, 완벽시공으로 고객을 만족 시킨다
2. 품질시스템의 유지활동과 개선활동으로 고품질 시공을 한다.
3. 외벽시공에 대한 안전관리로 무재해를 달성한다.

1. 개 요

■ 배치도

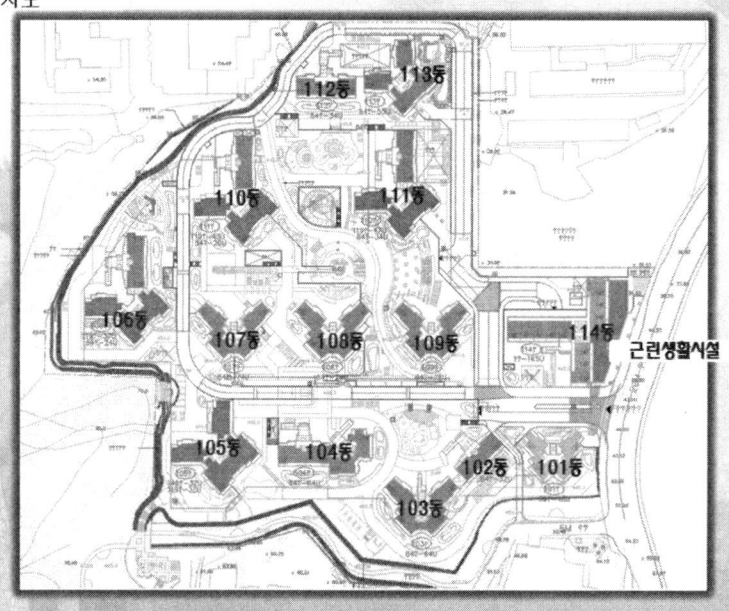

1. 개 요
2. 공정계획
3. 가설계획
4. 석재 생산 가공계획
5. 석재 설치계획
6. 주요 Detail 진행현황
7. 품질 및 안전계획
8. 주요 문제점 및 대책
9. 질의 응답

2. 공정계획

■ 공정표

2. 공정계획

■ 공사 Flow

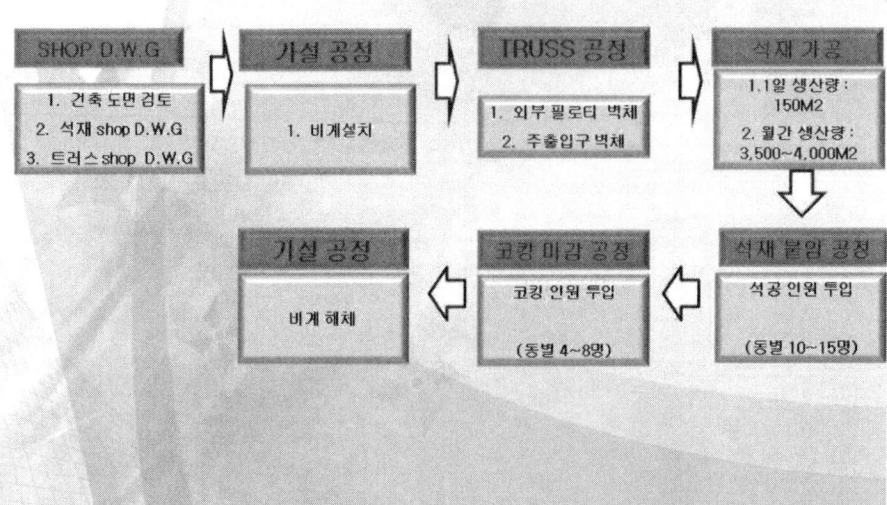

3. 가설계획

■ 석재 설치용 비계계획 - 1

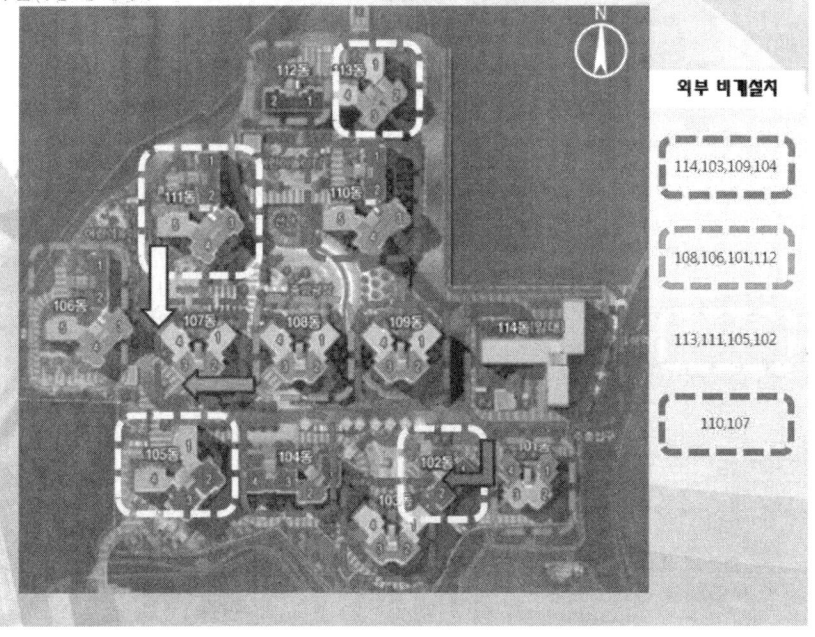

10. 석공사 시공계획서와 작성 기준 155

3. 가설계획

■ 석재 설치용 비계계획 - 2

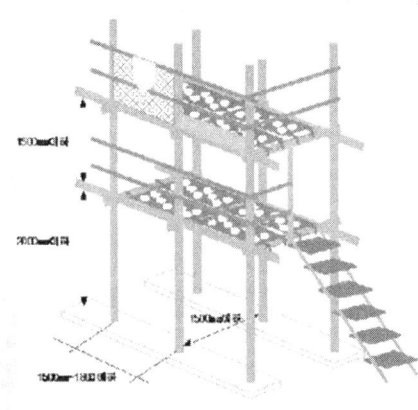

1. 밑둥잡이 실시
2. 접속부 및 교차부는 전용 부속철물 사용
3. 벽이음 및 버팀 설치
4. 적재하중 : 400kg미만
5. 수직이동통로 설치
6. 상부 및 중간난간 설치
7. 마구리 난간 설치
8. 안전망 설치
9. 발판 폭 400mm이상
10. 발판 틈새 30mm이하
11. 상부 파이프 안전캡 설치

3. 가설계획

■ 석재 설치용 비계계획 - 3

시스템 B.T비계 설치 예시도

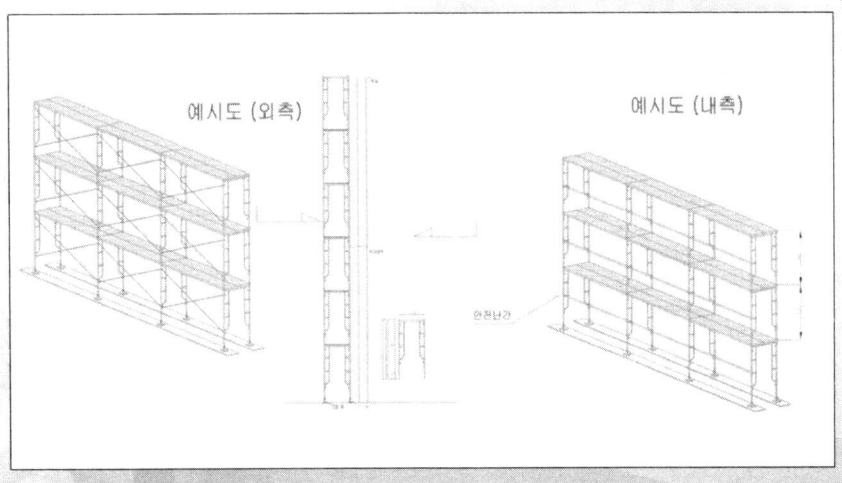

3. 가설계획

■ 석재 설치용 비계계획 - 4
(골조 연결재 및 주요부재)

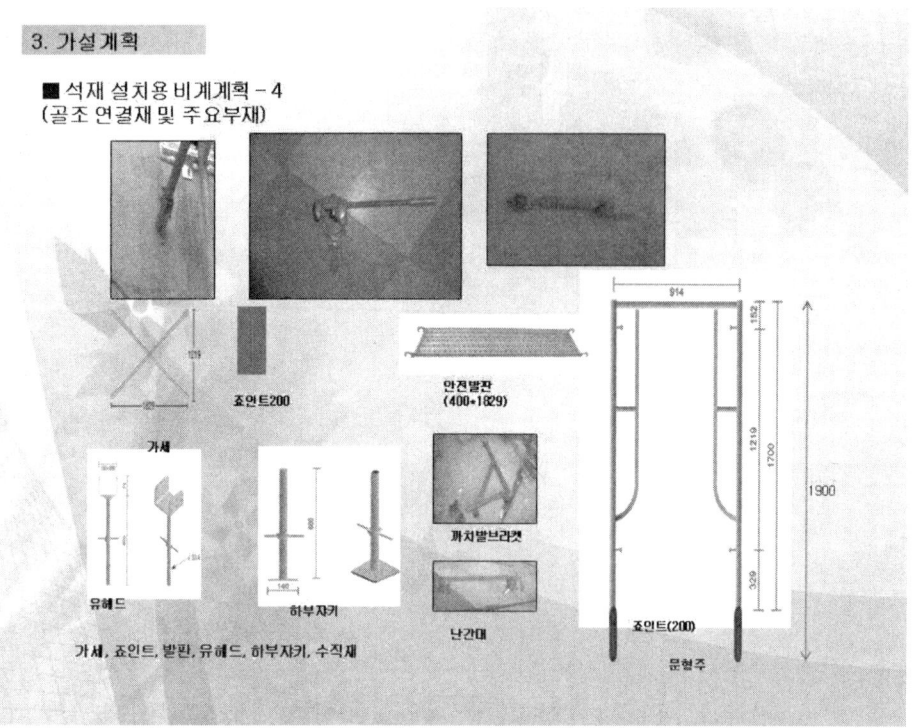

가세, 죠인트, 발판, 유헤드, 하부자키, 수직재

1. 개 요
2. 공정계획
3. 가설계획

4. 석재 생산 가공계획

5. 석재 설치계획
6. 주요 Detail 진행현황
7. 품질 및 안전계획
8. 주요 문제점 및 대책
9. 질의 응답

10. 석공사 시공계획서와 작성 기준   157

4. 석재 생산/가공계획

■ 자재 반입 Flow

```
┌─────────────┐       ┌─────────────┐  (20일)  ┌─────────────┐  (3일)  ┌─────────────┐
│    석산     │  ⇨   │  석산 생산량 │  ⇨     │    선적     │  ⇨    │    항해     │
├─────────────┤       ├─────────────┤         ├─────────────┤        ├─────────────┤
│ 원산지:중국 │       │Total:36,000m2│         │매주 3con 선적│        │국내 도착(7일)│
│ 석종:신용성화석 외│ │일일생산량 200m2│        │             │        │             │
│      기타   │       │2개 공장 가공 │         │1con = 240m2 │        │             │
└─────────────┘       └─────────────┘         └─────────────┘        └─────────────┘
```

```
  (5일)                (2일)
┌─────────────┐       ┌─────────────┐
│  국내 도착  │  ⇨   │  현장 반입  │
├─────────────┤       ├─────────────┤
│ 하역 및 출고│       │  ○○동      │
│(도착항:인천항)│     │ ○○아파트현장│
└─────────────┘       └─────────────┘
```

4. 석재 생산/가공계획

■ 가공공장 현황-1

○○건설 공장 현황표

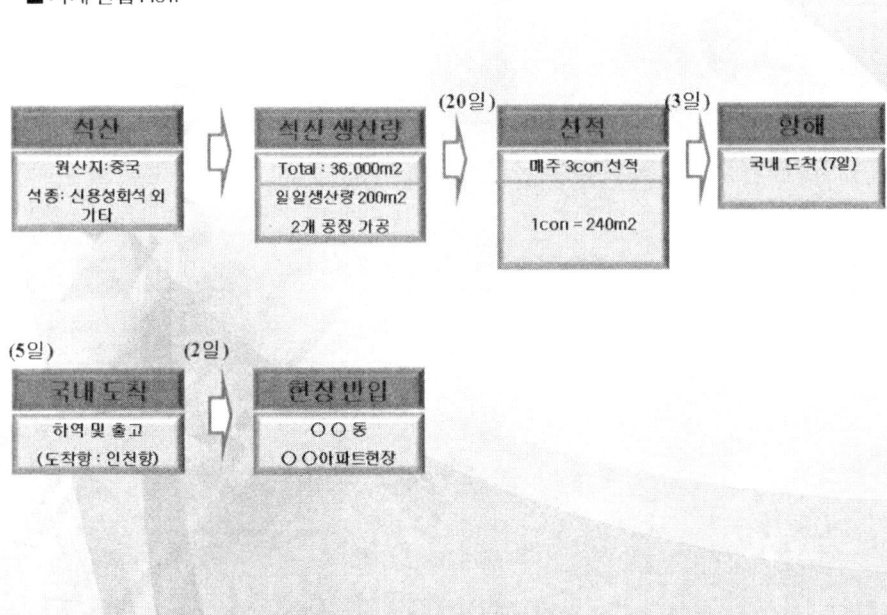

구분		기준	비고
가공공장	기본현황	운영주체	직영공장	
		공장규모	연면적 12,000 평	
		가공규모 (M2/월)	7,000 M2	
		생산경력	15년 ('91. 03. 04)	
	장비현황	갱쇼	4대	
		다엽할석기	-	
		자동연마기	1대 (12HAED)	
		수동연마기	-	
		자동버너기	1대	
		재단기	3대	
	품질관리	검수공간	지붕있는 검수 공간확보	
		검수공간 면적	500 M2	
		검수방법	전수검사 가능	

- 위치 (공장) : ○○도 ○○군 ○○면 ○○리
- 거리   : ○○km
- 운송 소요 시간 : ○○시간

4. 석재 생산/가공계획

■ 가공공장 현황 - 2

1) 할 석
  ① 다이아몬드 원형톱(DAI-SAW) : 톱두께8mm, 할석폭620mm이하에만 사용
  ② 갱쇼(GANG-SAW) : 톱두께(BLADE)5mm, 할석폭1500~1600mm
     대형할석기로 대량생산가능.(4기 보유)
  ③ 와이어쇼(WIRE-SAW) : 원형기둥 할석기등 주로 가공석에 사용된다.

< GANG-SAW >

4. 석재 생산/가공계획

■ 가공공장 현황 - 3

2) 물갈기 (연마 : POLISH)
  ① 수동연마 : 가공석등 굴곡이 심하여 자동
     연마를 할 수 없는 곳에 사용.
  ② 자동연마 : 12HEAD, 18HEAD 주로 판재
     연마에 사용.
  ③ 곡면 자동연마 : 벽체 및 가공석 연마에
     사용.

< 곡면자동연마 >

< 수동 연마 >   < 자동 연마 >

1. 개요
2. 공정계획
3. 가설계획
4. 석재 생산 가공계획

5. 석재 설치계획

6. 주요 Detail 진행현황
7. 품질 및 안전계획
8. 주요 문제점 및 대책
9. 질의 응답

5. 석재 설치계획

■ 건식공법계획

1) 앵글 타공위치 (먹줄작업)
2) 골조 타공작업 (앵글설치 부위)
3) 앵글과 플레이트 고정 및 조정

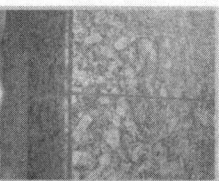

4) 연결핀 석재고정
5) 석재 에폭시 보강
6) 코킹작업

5. 석재 설치계획

■ 석재 설치 Checklist

검측 CHECK LIST

공사명 : ○○동 ○○아파트

공종 CODE NO	A - 석 - 200	검측일자	20. 년 월 일
공 종	석공사	검측위치	
세 부 공 종	석재 취부	—	

검 측 사 항	검사기준	검측결과			비고
		협력업체	시공사	감리단	
1. 물눈쳐우기, 줄눈마감상태 검사에 대한 확인은 하였는가?	—				
2. 시공부분별 쌓기및 붙이기공법(건식공법)등의 확인은 하였는가?	—				
3. 재료의 균열, 손상, 철분포함등 불량품의 반품 확인은 하였는가?	—				
4. 부분별 마감의 종류및 가공공정은 확인하였는가?	—				
5. 적절한 보양방법, 재료는 확인하였는가?	—				
6. 촉의 종류, 두께, 촉위의 상태에 적합한 마감두 께는 확인하였는가?	—				
7. 설치철물(고정용철물 등)의 종류는 확인하였는 가?	—				
8. 재료의 보관상태, 보관방법은 양호한가?	—				
9. 제품의 치수정밀도 검사를 하였는가?	폭,길이:±0.5mm 두께:±2.0mm 대각치수:±1.0mm 이내				

구분	협력업체	시공사	감리원
점검	성명 : (인)	성명 : (인)	성명 : (인)
재점검	성명 : (인)	성명 : (인)	성명 : (인)

1. 개 요
2. 공정계획
3. 가설계획
4. 석재 생산 가공계획
5. 석재 설치계획

6. 주요 Detail 진행현황

7. 품질 및 안전계획
8. 주요 문제점 및 대책
9. 질의 응답

6. 주요 Detail 진행현황

■ 건식공법 Detail

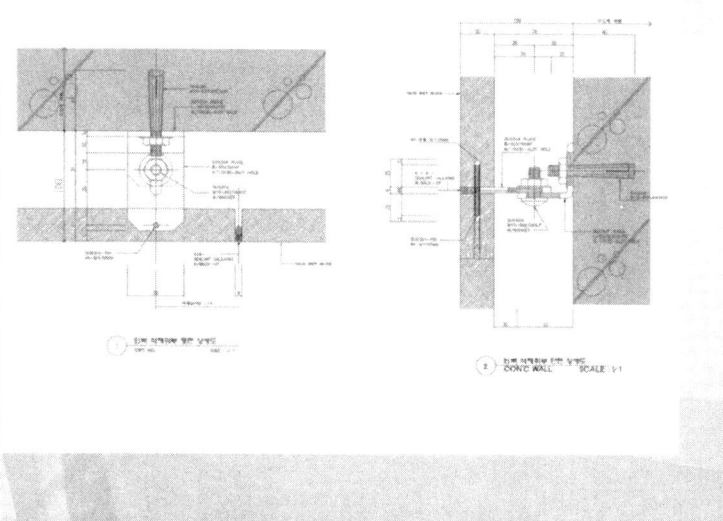

6. 주요 Detail 진행현황

■ 코너부위 마감 Detail

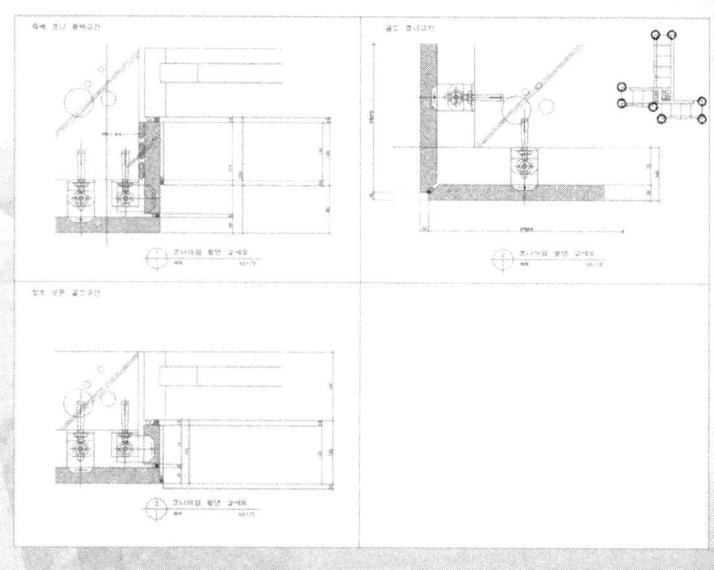

162　석공사 입문

6. 주요 Detail 진행현황
■ 상부 몰딩석 Detail

6. 주요 Detail 진행현황
■ 창호마감 Detail

6. 주요 Detail 진행현황

■ 창대석마감 Detail

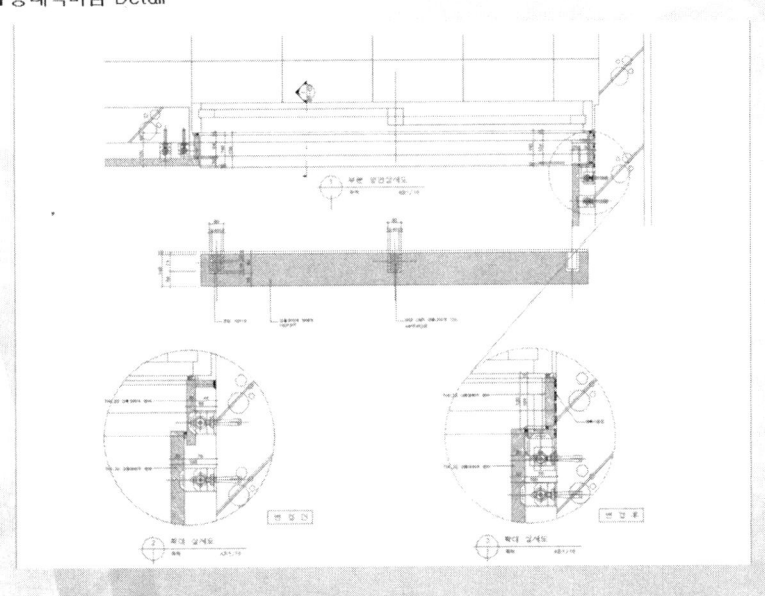

6. 주요 Detail 진행현황

■ 측면 및 줄홈파기 Detail

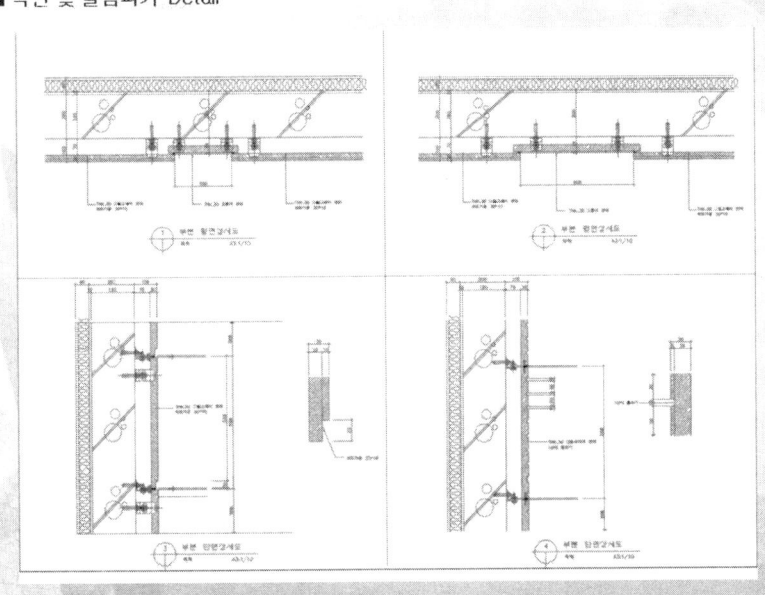

1. 개요
2. 공정계획
3. 가설계획
4. 석재 생산 가공계획
5. 석재 설치계획
6. 주요 Detail 진행현황
7. 품질 및 안전계획
8. 주요 문제점 및 대책
9. 질의 응답

7. 품질 및 안전관리계획

■ 품질 관리 계획 – 1 (동종 하자 방지 관리 SYSTEM)

1) 각 석종별 특성에 따른 시공 유의점에 따른 하자
    - I.T.P (Inspection & Test Plan)에 따라 현장 검측으로 하자발생 최소화.(별첨참조)
2) 각 시공 방법에 따른 하자 취약부위 점검
    - I.T.P (Inspection & Test Plan)에 따라 현장 검측으로 하자발생 최소화.(별첨참조)
3) 예폭시 및 코킹제에 따른 오염 방지와 대책
    - 벽체시공 후 바로 마른 걸레로 닦고 코킹재는 비오염성(다우코닝)을 사용한다.
4) 취급 부주위 및 보양 미흡으로 인한 하자
    - 양중시 이동 용이한 수량만 적재하여 자재 양중을 실시한다.
5) 기타사항

~~ 각 항의 하자 요인을 자체 LIST 관리 및 시공능력
  향상을 위한 DATA 구축을 통하여 시공 품질 향상 및
  유지에 만전을 기하고 있음.

7. 품질 및 안전관리계획

■ 품질 관리 계획 – 2 (현장 관리)

1) 시공부위별 품질관리 기준
   - IPT(IPT(INSPECTION & TEST PLAN)& CHECK LIST 기준(별첨참조)

2) 품질관리활동
   - IPT(INSPECTION & TEST PLAN)을 바탕으로 자재 반입시 부터 시공 구간, 시공 완료구간을 현장 담당자가 관리한다.

3) 시공부위별 보양계획
   - 1일 시공 구획 마다 즉시 즉시 청소를 실시.
   - 두겁석 상부는 다공정의 이물질로부터 보호 하고자 보양을 실시한다.

4) 석재정도계획

구 분	오차 범위	비 고
Thickness	+2mm	석재최소두께 30mm
Hole diameter	±0.75mm	
Face Dimension	±1.5mm	
Angle of Cut of Drill	±2°	
Depht of Width of Cut	±1.5mm	
Deviation from Squareness	±2.5mm	
Joint Deviation Between Stones 6mm joints	±0.5mm	

7. 품질 및 안전관리계획

■ 품질 관리 계획 – 3 (자재 관리)

1) 버니어캘리퍼스를 이용하여 두께 및 커프 가공상태 검수

7. 품질 및 안전관리계획

■ 품질 관리 계획 - 4 (자재 관리)

2) 직각 및 대각선 확인 검수

3) 평활도 및 두께 확인 검수

7. 품질 및 안전관리계획

■ 품질 관리 계획 -5 (시공시 주의 사항)

TRUSS 시공시 단계별 주의 사항.

구분	시 공 순 서	시 공 시 주 의 사 항	비고
1.	석재를 취부 할 곳의 높이 폭 둘을 고려하여 철제 각 파이프를 좌.우측으로 설치하고 간격은 석재의 중량을 지지할수 있도록 구조 계산을 정확히하여 트러스의 규격을 결정한다.	설치 부위에 실측을 확실히 하여 구조 계산한다.	
2.	상하간격은 취부 할 석재의 높이에 맞게 각 파이프 또는 C형또는 L앵글을 설치하되 상하 10mm이상 오차가 없도록 한다.	부재 설치시 오차가 없도록 장비(LEVEL기)를 사용하여 철저히 CHECK 한다.	
3.	각 파이프와의 접합부분은 누락됨이 없이 구조계산에 의한 용접목 두께에 맞게 용접한다.	부재 접합시 도면과 비교하며, 확인한다.	
4.	Back Frame작업이 완료되면 석재시공 작업은 트러스 앵커 긴결 공법에서 설명된 대로 시공한다.	작업자 교육 및 작업 방법을 확실히 숙지 시킨다.	
5.	Back Frame의 설치가 완료되면 부분 방청 도장(Touch-up)으로 마감한다.	용접부위는 녹이 슬지 않도록 방청 도장이 확실히 되어 있는지 확인한다.	

7. 품질 및 안전관리계획

■ 품질 관리 계획 -6 (시공시 주의 사항)

석재 시공시 단계별 주의사항.

구분	시공 순서	시공시 주의사항	비고
1.	자재 하자 및 시공 부위별 분배 작업.	자재 반입시 색상, 균열, 귀나감을 확실히 CHECK 하며, 부위별 분배시 착오로 인한 자재 이동을 최소화 한다.	
2.	자재 양중.(동별 분배 및 윈치 사용)	자재 양중시에 자재가 파손 되는 경우가 많으니, 각별히 주의하여 작업 하도록 교육 시킨다.	
3.	부위별 시공.(고소 작업)	현장 외벽 시공의 특성상 고소 작업이 많으므로 작업전 작업자 안전 교육을 철저히 하며, 자재가 지상으로 낙하 하는것을 방지(안전그물망 설치)하고자 점검한다.	
4.	석재 붙임 시공 완료.	석재 시공이 끝난 후 노출면의 부위의 이물질을 제거후 타공정의 이물질의 오염으로 방지(두겁석 부위) 보양을 실시한다.	
5.	석재 JOINT 부위 실리콘 충전 작업.	코킹 간격이 일정하게 시공 하기 위해 테이핑 후 시공 하는지 확인하고 시공 완료 후 주위 정리 정돈을 철저히 한다.	

7. 품질 및 안전관리계획

■ 안전 관리 계획 - 1 (사고사례)

재해요인	방지대책	비고
고소작업시 작업자및 자재낙하 사고	안전로프,적재금지	
지게차 양중시 전도	자재 소량 적재	
전동공구 사용시 상해	미숙련자 작업금지	
줄눈 수정작업중 안구 손상	보안경 착용	
소운반시 무리한 운반으로 인한 압착	운반도구 사용	
TRUSS 용접시 화재및 그을음	암면 보양 작업	
소운반시 자재 낙하로인한 발등상해	안전화, 휴식보장	
벽체 시공중 부자재에 의한 상해	현장정리	

7. 품질 및 안전관리계획

■ 안전 관리 계획 – 5 (시설 설치 계획)

<안전망 설치>

<작업시 안전고리 설치 후 작업>

<안전통로 수직계단 설치>

<안전발판 및 비계 주기적 보강>

1. 개 요
2. 공정계획
3. 가설계획
4. 석재 생산 가공계획
5. 석재 설치계획
6. 주요 Detail 진행현황
7. 품질안전계획

8. 주요 현안 및 대책

9. 질의 응답

8. 주요 문제점 및 대책

■ 현장 필수방침 사항.

구 분	관리 사항	대 책
석재시공	1. 시공 부위별 색상 관리	공장 절단시부터 감독자의 철저한 관리 감독.
	2. 자재 관리 (귀나감, 깨짐)	양중시 많이 발생하는 문제점이므로 시공자의 확실한 교육 인지
TRUSS 시공	1. 자재 두께 관리	구조적인 중요한 문제로 자재 반입시 철저한 검측
	2. 부재 용접시 각장 관리	구조 검토서에 의거 용접시마다 철저한 검측
석공사 상호 연계공종 관리방안	1. 골조공사	현장 작업일정대비 골조공사와 상하 동시작업발생이 필연적임 - 상호 일정조율 후 작업 투입
	2. 전기공사	1. 외부경관조명은 지상1층바닥에 설치로 간섭없음 2. 전기실 및 자재반입관련 일정 조정하여 시공
	3. 설비공사	마감공종 선투입에 따른 duct 배관 및 석재 시공구간 선설치 시설물의 작업일정에 따른 조정
	4. 외장커튼월 및 유리공사	석재 및 커튼월, 유리 접합부위 DETAIL 협의.
안전관리	1. 외부 비계 안전 대책	비계 작업자 안전벨트및 개인보호구 착용철저 준수
	2. 석재 인양 및 양중 대책	석재 인양작업시 안전요원 배치 및 양중시 2인1조 운반
	3. 고소 작업에 안전 대책	고소 작업에 관한 안전 보호구 착용 상태 및 시설물을 철저히 관리

1. 개 요
2. 공정계획
3. 가설계획
4. 석재 생산 가공계획
5. 석재 설치계획
6. 주요 Detail 진행현황
7. 품질안전계획
8. 주요 현안 및 대책

9. 질의 응답

9. 질의 응답

■ 현장 필수 방침 사항.

순번	질의 (동부)	응답 (신아석재)
1	자재 수급관련 동절기 및 연휴기간?	본 물량 자재는 현지 공장에서 원석 확보를 최우선 및 현지상주 인원를 통한 수지 관리 (대책 협의중)
	자재 가공은 어디서 실시되나? 가공 불량 자재 발생시 대책은?	본 물량 자재는 현지 공장에서 가공 후 입고 가공 불량 자재는 본사 공장에서 가공 또는 가공꾼을 이용한 현장 가공
2	시공 전/후 Level, 마감선 등 품질 확인 절차는?	사전에 기존 인테리어 Level를 확인 후 문제점 발견시 Level 수정을 요청하고 시공 전 다시 Level 확인
	자재 발주의 기준은? 실측후 발주시 방통후 투입에 문제없나?	도면의 치수를 기준으로 현장 실측 확인 후 발주 (커튼월 부위 관련 창호 레벨 차이로 인하여 선 발주는 문제 발생 우려)
3		
4		

11
시공관리

11.1 시공계획

1) 도면 검토

도면에 의한 물량산출, SHOP DRAWING에 의한 생산 스케줄, 작업방법, 작업순서, 타 공종과의 간섭, 협조사항을 검토한다.

2) 가설계획

석재의 반입, 설치 스케줄을 점검하고 자재야적장, 가공장, 작업동선 및 타 공종과의 간섭을 고려한다.

가설비계 안정성을 점검한다.

3) 장비 및 인원계획

4) 운반계획, 반입계획, 현장 내 동선에 따른 양중, 소운반 계획을 검토한다.

5) 안전계획은 안전시설물, 교육, 상하(上下)중복 작업성, 안전장구의 지급 착용, 신호

체계 점검, 가공장 환기시설 등을 점검한다.

11.2 시공관리

1) SHOP DRAWING
① 붙임에 사용되는 철물의 사용개소, 상세도 확인
② 개구부, 요철부분, 매설물설치(특히 전기, 설비 관련 등), 구멍뚫기 등 위치와 치수 상세도면 확인
③ 돌나누기도 검토
④ 신축 줄눈의 형태와 재질 두께 확인
⑤ METAL TRUSS 공법 등의 경우 석재하중, 창호하중, 외력(풍압) 등에 대한 연결 철물의 응력 검토
⑥ 표준적인 붙이기 공법 시공 순서 검토
⑦ 철골조의 경우 하중, 탄성변형, 온도신축에 대한 검토
⑧ RC조의 경우 건조수축, 하중, 탄성변형 검토

2) 샘플 결정
① 색상, 다듬질 정도 등을 고려한다.
② 반점, 무늬의 형태를 명확히 한다.
③ 마감 종류별로 일정 규격 견본품으로 결정한다.
④ 반드시 실물로 결정한다.
⑤ 줄눈재는 석재의 모세관에 의해 석재가 오염되지 않도록 화학적 성분 및 색상, 재질을 고려한다.
⑥ ANCHOR, FASTENER, EPOXY 등이 설계 시방서(SPEC.)와 일치 여부를 반드시 확인할 것

3) 채석장 확인
석재의 질, 색상, 무늬를 일정하게 유지하기 위해 소모량에 따른 확보 매장량 확인(동일 산지, 동일 덩어리, 동일 위치)

4) 형판
① 원척도에 따라 가공하여 직선, 각, 평면을 유지할 것
② 모서리, 물끊기, 물흘림 등의 가공을 정밀하게 할 것

5) 가공
① 절단
- 원석의 품목 번호를 유지관리할 것
- 형상 치수는 돌 나누기도에 따라 정확하게 가공한다.
- 절단은 GANG SAW 나 DIAMOND WHEEL SAW를 사용할 것
- 절단이 완료된 판재는 높은 수압으로 세척하고 절단상태, 오염여부를 확인할 것
② 연마 및 광내기
- 거친갈기는 #60 쇳가루 또는 카버렌덤 숫돌을 사용하고 원반(멧돌)에 걸어 돌린다.
- 물갈기는 최종 #180의 카버렌덤 숫돌을 원반에 걸어 마무리한다.
- 광 없는 본갈기는 최종 #F(#600~#1500)의 카버렌덤 숫돌을 원반에 걸어 마무리하고 광내기 가루를 사용하여 퍼프(PUFF)를 마무리한다.
③ 버너구이
- 화강암계 표면처리에 주로 사용되고 순도가 높은 연료를 사용한다.
- 고열로 인한 돌 입자변형으로 강도에 영향이 없도록 즉시 냉각수로 표면 냉각이 요구된다.
④ 가공 먹메김
- SHOP DRAWING에 따라 석재의 배면을 활용하여 먹메김 한다.

6) 제품검사
① 자연조명 아래서 색상, 균형 조립상태를 확인한다.
② 도면에 표시된 규격과의 일치 여부를 확인한다.
③ 허용오차

검사 항목		허용오차
가로, 세로	두께 50mm 이하	900mm±1.5mm 이하
	두께 50mm 이상	900mm±3.0mm 이하
두께	변환치수	+3mm ~ -1.5mm
굽힘과 뒤틀림	결있는 판재	120mm±1.0mm 이하
	결없는 판재	900mm±1.5mm 이하
꽂임촉 구멍	중심이 어긋남	±0.5mm 이하
	깊이의 오차	±0.1mm 이하

7) 반입보관

① 석재는 표면을 깨끗이 하고 취급, 운반시 손상과 오염되지 않도록 포장하여 운반한다.

② 반입된 석재는 석종별, 규격별, 설치 위치별로 석재 붙임을 고려하여 보관하며 눈비를 맞지 않게 하고 통풍환기가 좋은 곳에 보관한다.

③ 동절기에는 꽂임촉 구멍에 수분이 들어가 결빙되지 않도록 하고, 실내 보관시는 석재 중량을 고려하여 골조에 집중하중이 걸리지 않도록 고려한다. 따라서 석재 단위중량을 항시 알고 있어야 한다.

④ 현장 소운반 후 보관은 수평은 침목을 사용하고, 수직은 판재간 격리재를 사용하여 적재한다.

8) SAMPLE 시공

① 본공사 착수전 승인된 재료, 공법, 시공상세도에 의거 본공사와 동일하게 지정된 장소에 SAMPLE 시공을 한다.

② SAMPLE 시공시는 본시공과 동일한 조건으로 시공하여 작업성을 확인하고 작업팀을 교육하며 선정재료의 색상, 질감, 시각효과, 주변과의 조화 등을 실제 확인한다.

9) 석재취부

① METAL TRUSS 공법
   - 설치도면 및 SHOP DWG을 통해 구조형태와 하중조건, 앵커의 위치 등을 검토할 것.
   - 철재 TRUSS C형강이 단위 판재를 긴결하는데 이상이 없을 것.

- 판재에 프러그를 매입할 때 석재의 균열이 없을 것.
- 석재 설치시 오손, 파손에 주의할 것.

② GPC공법
- GPC제작시 석재용 EPOXY 수지를 석재 배면에 도포할 것.
- 판재의 중량을 감안 구조적인 검토를 충분히 할 것(ANCHOR).
- 판재의 ANGLE과 매입된 ANCHOR의 위치는 정 위치로 할 것.

③ ANCHOR 공법
- 앵커볼트 설치구멍은 반드시 제 위치에 설치하고 청소를 깨끗이 할 것.
- 철물 사용시 반드시 방청페인트 마감할 것.
- 내벽 석재중 걸레받이 석재는 반드시 뒷채움을 확실히 할 것

10) 건식공법

① 앵커용 구멍은 적정규격의 DRILL BIT를 사용하고 인발력을 검토하고, 너트 조임시 회전 인발되지 않게 견실하게 고정할 것.
② FASTNER는 편심이 생기지 않게 직선으로 설치하고 조절 가능한 제품을 사용하고 용접된 제품은 사용을 피한다.
③ 촉의 상부는 실란트 하부는 EPOXY 충진으로 판재와 견고하게 고정한다.

11) 습식공법

① 바탕면 처리
- 바탕은 철물 조립 전 깨끗이 청소하고 석재붙이기 1일전 충분한 물축임을 할 것.
- 긴결제는 위치별 부위별 석재줄눈 나누기 기준에 따라 바탕구체 또는 조적공사시 정위치에 매입설치를 확인할 것.
- 조적벽에 철틀을 취부할 경우 사전에 앵커철근을 시공 할 것.
- 부속철물을 사전에 제출하여 승인받은 견본품과 동일한지 확인할 것.

② 석재취부
- 붙이기전 바탕처리 상태 확인(앵커, 철물, 매설물의 고정 상태)
- 줄눈 나눔에 따라 기준선이 정해진 상태에서 긴결철물과 바탕 앵커철물과의 결속부분을 충진형 접착제로 고정시켰는가 확인할 것.
- 부분몰탈 주입 공법시 석재배면의 바닥으로부터 30cm 높이까지 주입 충진할 것.

- 몰탈에 매입되지 않는 철물은 방청 처리를 확실히 할 것.
- 시멘트 몰탈 주입시에는 주입부분 및 면갈이 표면의 오손을 방지할 수 있도록 보양할 것.
- 몰탈주입시 수직수평줄눈에는 몰에 적신 헝겊을 끼워 주입 몰탈의 흐름을 방지할 것.
- 주입완료후는 줄눈부 줄눈파기를 하며 줄눈부 및 석재 표면을 깨끗이 청소 보양할 것.

12) 줄눈시공

① 치장줄눈은 일정한 폭과 깊이로 미려하게 시공할 것.
② 치장줄눈 시공은 벽면의 경우 수직줄눈, 수평줄눈순으로 바닥의 경우는 가로줄눈, 세로 줄눈으로 진행한다.
③ 색상이 있는 줄눈재 사용시는 침투에 의한 석재의 오손여부를 충분히 사전 검토할 것.
④ 줄눈 폭에 따른 줄눈깊이 기준

공 법	줄 눈 폭	줄 눈 깊 이	비 고
습식벽체	1~3mm	1~1.5mm	
	3~5mm 이상	2~3mm	
건식벽체	6mm 표준	2~3mm	실란트 충진두께 7mm 이상

13) 보양

① 바닥변은 매일 시공구획마다 깨끗이 청소하고 0.1mm 이상 P.E 필름을 10cm 이상 겹쳐 2겹으로 깔고 테이프로 붙인 위에 3mm 이상 합판 또는 보양포로 보양하여 3일 이상 통행을 금지하고 일주일간은 진동, 충격을 방지한다.
② 벽체면은 0.1mm 이상 P.E 필름을 밀봉 부착하여 보양하고 기둥, 모서리 하부는 P.E 필름 보양후 완충제(스치로폴, 합판 등)로 바닥에서 1.5m까지 보양한다.

12
석공사 안전관리

석공사는 건축공사 비용 중 상당한 비중을 차지한다. 그러나 석재는 다른 자재에 비해 단위당 중량이 무거우며 다른 공종에 비해 최종 마감임으로 늘 공기에 쫓겨 안전사고의 위험이 높다.

12.1 석공사 재해사례

12.1.1 재해사례와 위험 요소

1) 재해사례

보고된 재해 형태를 보면 추락, 전도, 도괴 등이 있으며 특별한 계절이나 요일에 집중되는 것은 없는 걸로 나타나 항상 안전에 주의해야 한다.

규모 측면에서 보면 고층이나 저층 구분 없이 발생되고 있어 역시 늘 안전에 주의해야 한다.

2) 위험 요소

① 윈치를 이용하여 자재운반 중 석재가 로프에서 탈락하여 낙하
② 건물 내부에서 비계상으로 석재 이동작업 중 낙하, 추락 위험

③ 외부비계 및 작업발판 위에 석재 등 과다적치로 비계 붕괴
④ 비계 위에서 돌붙임 작업중 발판 미설치로 추락
⑤ 비계 하부 통제 미실시로 낙하물에 의한 낙하 재해
⑥ 상하부 동시작업으로 낙하재해
⑦ 곤도라 과하중 적재로 붕괴
⑧ 곤도라 이동 중 좌우 불균형으로 기울어져 추락
⑨ 인력운반시 운반물 무게 과다로 요통 재해
⑩ 자연석 쌓기용 석재 무게중심 이탈로 체인이 빠져 낙하 및 협착 재해
⑪ 자연석 쌓기 장비 운전자 시야 미확보(신호수 미배치)로 협착 재해

12.1.2 석공사 공정

건축 석공사 순서를 Shop Drawing과 행정업무를 제외하고 현장에서 행해지는 공정을 정리하면 다음 그림과 같다.

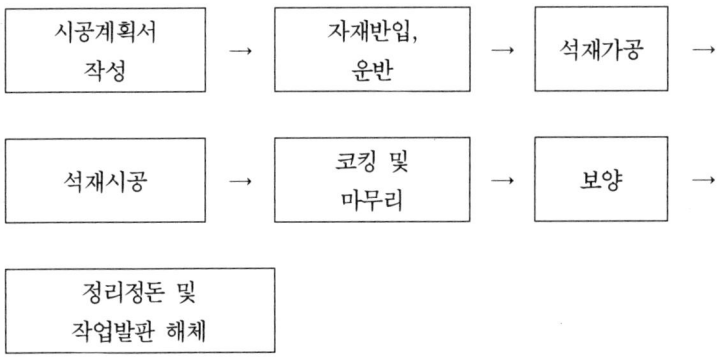

〈그림 14.1〉 석공사 작업순서

12.2 석공사 안전관리 체크포인트

재해사례와 위험 요소들을 석공사 작업순서에 따라 정리해 다음 표와 같이 석공사 안전관리 체크포인트를 작성하였다.

〈표 12.1〉 석공사 안전관리 체크포인트

석공사 주공정	체크 포인트
시공계획서	자재반입 계획, 작업방법 및 위험요인 인력계획 및 작업조 편성, 작업발판 설치 계획, 장비 사용계획
자재반입, 운반	자재 야적 장소 확보 하역장비 작업준비 - 적정 장비용량, 안전장치, 유도차 배치 자재 야적방법, 적재높이 준수
석재가공	그라인더, 연마기 사용 안전 가설전기 안전

석재시공	양중작업 안전 - 리프트, 윈치
	작업발판 설치
	  - 비계위의 작업내용, 적치자재 등을 감안하여 발판 설치
	  - 곤도라 안정성
	인양로프, 자연석 쌓기의 체인 안전
	개구부 주변작업 안전조치

코킹 및
마무리
	달비계의 적절성
	  - 로프 묶음 장소, 2개소 이상 결속
	  - 작업로프 및 구명줄의 안전확보
	  - 구명로프(안전대 부착)의 설치

보양	외부 기후변화 - 비, 눈, 경화 불량 우려시 작업중단
정리정돈 및 작업발판 해체	작업발판 해체 - 비계, 달비계 정리정돈 및 청소

13
석공사 품질관리

13.1 검사 및 시험

- 특기시방이 없는 한 아래 표를 참고한다.

종 별	시험종목	시험방법	시험번호	비 고
천연산 스레트를 제외한 모든 석재	흡 수 율 시험	KSF 2518	필요시마다	
	비 중 시험	KSF 2518	필요시마다	
	압축강도 시험	KSF 2519	재질의 변화가 있다고 인정될 때 마다	

13.2 주요하자 발생요인

석공사의 하자 보수는 매우 곤란하다. 부분적으로 돌을 교체하는 것으로 시공의 완벽을 기대하기는 어렵다. 따라서 최초부터 하자 발생의 원인을 이해하여 하자가 생기지 않도록 확실한 시공을 하는 것이 가장 중요하다. 또 만약 하자가 생겼다면 충분히 조사하여 그 원인을 밝혀서 근본적으로 원인을 제거해야 한다. 국부적인 미봉책은 장기적으로는 거의 효과가 없다.

13.2.1 석재의 변색

1) 석재의 퇴색
일반적으로 색이 짙은 석재 중에는 퇴색하는 경향이 강한 것이 있다. 사용실적이 적은 석재를 사용할 때는 사전에 시험으로 퇴색정도를 확인할 필요가 있다.

2) 석재의 취급 부주의
면석가공시 물씻기 부족으로 남은 석공의 발자국에 묻은 철분 등은 발청에 의해 변색된다. 또 해수에 침수된 화강암도 변색하는 경우가 있다. 가공중의 주의를 요한다.

3) 세척이 불완전한 경우
세척에 염산 등을 사용하고, 그 처리가 불충분한 경우는 염산에 타서 변색된다.
바닥등에서 세척수가 고이는 곳은 특히 주의를 요한다.

4) 방청외의 원인에 의한 오염
바탕철근 등이 충분히 방청되지 않거나 또는 몰탈의 피복이 불충분한 경우는 발청하며, 그 녹이 석재 배면을 오염시켜 석재를 착색시킨다. 또 뒷채움 공간속에 목재 담배꽁초 등이 혼입되어 있으면 다음에 그 진이 나와 석재를 오염시킬 수 있다.

5) 불순물이 많은 몰탈에 의한 오염
유기물이 많은 모래를 사용한 몰탈은 유기물이 용출되기 때문에 석재를 오염시킨다.

6) 실링중 화학성분에 의한 오염
페놀성분이 함유된 실링재의 사용은 페놀성분이 대리석을 오염시키는 경우가 있다.
또 실리콘계 실링재의 경우 실리콘오일이 나와 줄눈 표면에 먼지가 부착되어 줄눈오염을 초래하는 예가 있다.

13.2.2 백화현상

몰탈 중의 수산화칼슘 성분이 용출되어 대기 중의 탄산가스와 결합하여 탄산칼슘으로 되는 것 즉, 수산화칼슘의 용해도는 저온 다습할수록 크다.

1) 빗물처리가 불충분한 경우
석재면과 다른 마감재가 만나는 경우 몰탈면보다 우수가 침입하기 쉽다. 이런 경우 우수가 석재 배면으로 이동하지 않도록 검토해야 한다.

2) 줄눈폭이 적은 경우
줄눈폭이 지극히 적은 경우 그 부분에 충분한 충진이 되지 않아 줄눈 충진을 해도 완전한 줄눈 충진이 되지 않아 줄눈으로부터 침수된다.

3) 줄눈시공이 불충분한 경우
줄눈깊이가 균일하지 않으면 줄눈위에 공극이나 줄눈균열이 생겨 우수가 침입한다.

4) 석재 배면으로부터의 누수에 의한 경우
옥상방수의 치켜올림 부분에 결함이 생겨 그곳으로부터 우수가 석재 배면으로 침투하거나 벽에 매설된 배관을 결함으로 누수되는 예가 있다.

13.2.3 균열

균열의 원인이 되는 것은 다음과 같은 것이 있다.

1) 석재에 잠재적 균열이 있는 경우

2) 온도 등에 의한 팽창에 의한 경우
옥상두겁석등 긴 석재에서 신축 줄눈이 없는 경우에 발생하기 쉽다. 또한 벽 기둥이 도로 또는 방수누름 콘크리트와 직접 접하는 경우 그것들의 팽창에 의해 균열이 발생.

누름 콘크리트 등은 충분한 신축줄눈으로 그 팽창은 흡수할 수 있도록 사전계획 해야 함.

3) 가고정용 석고의 팽창에 의한 경우

석고는 고결후 물에 젖거나 마르거나 하면 2차 생성물이 생겨 점차로 팽창되어 석재를 누르거나 밀어내거나 갈라진다.

물(결로포함)이 작용한다고 생각되는 부분에는 석고의 사용을 금한다.

13.2.4 들뜸, 박락

빗물처리, 줄눈, 부착철물의 불완전 부적당한 장소에 생긴다.
그 원인은 백화현상, 균열의 원인과도 공통되는 것이 많다.
직접적인 원인은 다음과 같으며 이들이 복합적으로 작용하여 들뜸이 생긴다.

- 침수에 의한 취부철물의 발청
- 침수에 의한 가 공정석고의 팽창
- 침수의 동결에 의한 팽창, 수축의 반복

13.2.5 보수공사

1) 보수의 대상

석조 외벽에 발생되는 더러움은 다음의 2가지로 대별된다.

① 석재표면이 시간의 경과와 함께 생기는 더러움으로 대기중의 오염물질 즉 대기중에 떠다니는 먼지, 매연, 금속가루 등이 부착하는 것으로 화강석을 구성 하는 장석, 석영, 운모의 각성분의 경계면에 존재하는 미세한 균열부에 끼어 있어 고착화한 것이 보수의 대상이 되며,
② 줄눈의 실링재(2성분형 실리콘계)에서 침투되어 나온 실리콘 오일에 의한 더러움이 두 번째로 2성분형 실리콘 실링재의 성분인 경화재중 미량(微量)의 실리콘(기름기 성분)이 흘러나와 석재표면에 부착하여 더러워지는 것 등이 대상이 된다.

2) 세정보수(洗滌補修)

석재의 세정에는 염산, 비화수소산(非化水素酸) 등이 같이 사용되는 경우가 있지만 석재 광택이 감퇴되고 샤시(Sash)와 다른 금속부재나 인체의 영향 등 결점이 많으므로 사용하기에는 바람직하지 않다.

대기오염에 의한 더러움은 세척액을 잘 선택하여 사용하면, 장석, 석용, 운모를 약 $10\mu \sim 20\mu$ 정도의 표면을 용해시켜 층상(層狀)의 생성물을 형성시켜 이것을 고압수의 분무로 세정洗滌하여 제거할 수 있으나, 실리콘 실링재에서 배어나온 더러움은 모두 제거하기에는 현재의 약품으로는 어려운 점이 있으며, 이러한 기름기가 다시 대기중의 오염물질로 인해 재차 더러워지므로 보수의 주기는 5~7년이 바람직하며, 실리콘 실링재 자체 오염을 방지하기 위해서는 줄눈에 폴리설파이드계를 도모함이 효과적이다.

〈표 13.1〉에 세척방법 등 보수계획의 예를 표기하였고 일반적인 보수의 공정순서는 〈그림 13.1〉와 같다.

〈표 13.1〉 외장석재의 보수계획 예

항 목	보수계획
세정제를 사용한 세정 방법	세정제(주성분 : 산화불화 암모니아 기타)를 석재면에 붓으로 균일하게 도포한다. 표면에서 수분을 없앤 후에 고압에 의한 물 세정을 한다.
줄눈 Seal 처리	접합되는 줄눈을 실리콘 코팅(Silicone-Coationg)재로 도포한다.
작업용 족장	곤도라 족장을 사용하여 일반적으로 장척용 7.2m 사용
안전대책	흩날림 방지를 위해 외벽 전체에 네트(Net)로 보양을 한다. 또한 흩날림이나 세정액의 유입을 방지하는 대책이 필요
작업시간	액간작업 : 세정작업 주간작업 : 점검, 보양작업, 줄눈의 Coating
보수 주기	5年 ~ 7年

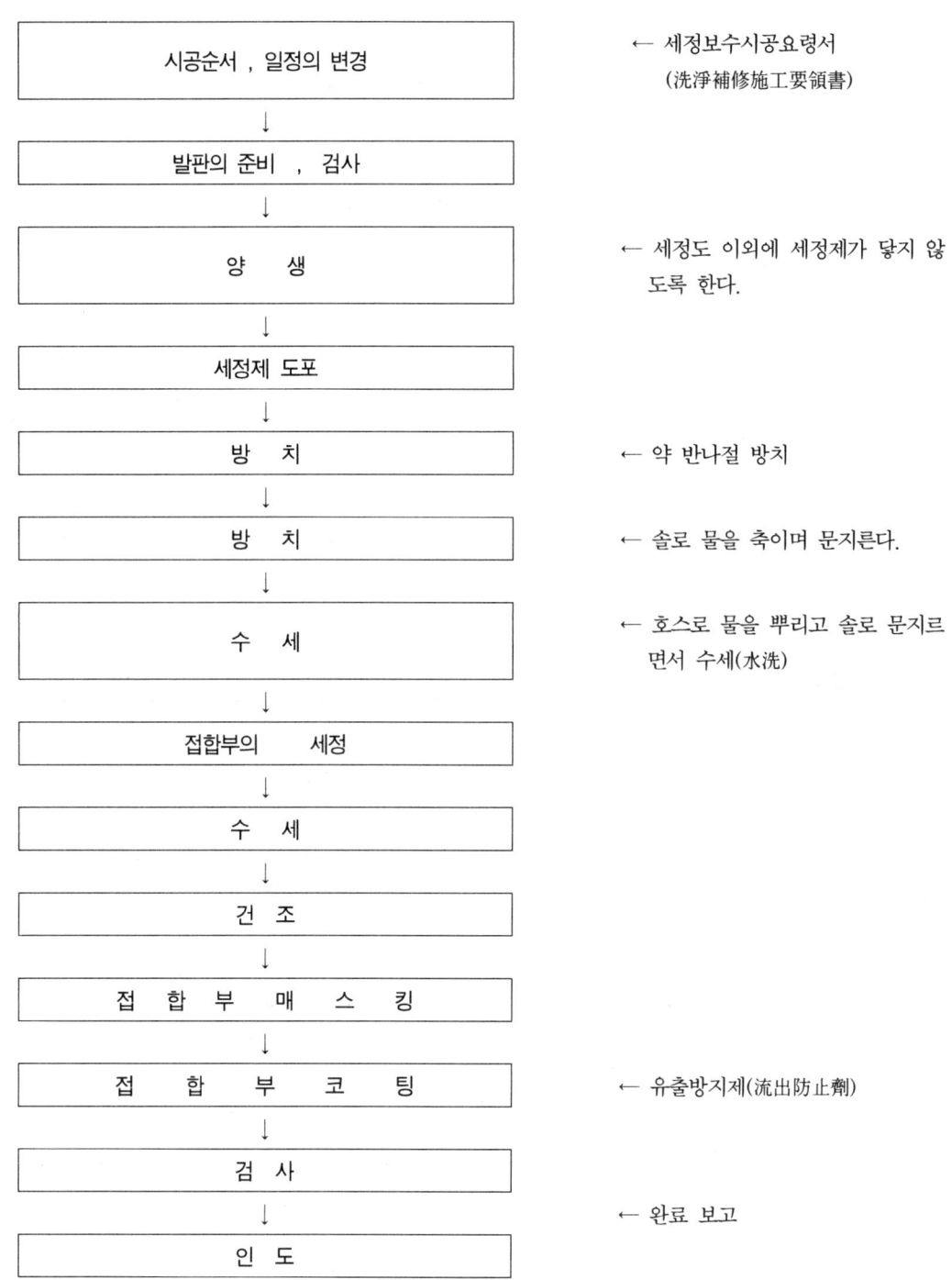

〈그림 13.1〉 세정보수 공정도

14

석공사 관리·기술자(Engineer/Specialist) 로서 갖추어야할 소양

14.1 시공계획

석재 시공전 설계도면 검토, 현장실측, 시공 상세도 작성, 안전관리 계획서를 작성하여 효율적으로 시공 계획하는 능력을 기른다.

구분	내용
설계도면 검토	1 설계도면에 의하여 석재의 크기, 종류, 모양을 결정 2 시공시 다른 공정들과 연관 되는 것을 확인 3 설계도면과 계약내역서 상의 상이점을 비교 확인 4 시방서 및 특기시방서에 의하여 시공방법 및 가공 방법을 검토 5 설계도서에 따라 도출된 작업량에 의거하여 소요 공사 기간을 산출 6 전체 공정표에 준하여, 석공사 선후 공정절차 등을 고려한 석공사 공정표를 작성
현장 실측	1 발주처가 정하는 기준선에 따라 시공 면적을 실측 2 측량기를 활용하여 수평 및 수직을 구분 3 실측 후, 시공 면적범위를 확인하여 돌 나누기 작업(견적)

시공상세도 작성	1 실측한 산출자료를 감독자의 검토확인을 받아 상세도를 작성 2 도면에 의하여, 석재 치수를 활용하여, 시공상세도를 작성 3 시공시 타 공종들과 연관성을 고려하여 시공상세도를 작성 4 작성된 시공 상세도를 발주처로 부터 승인
안전관리 계획	1 산업안전보건법에 따라 공사규모에 맞는 유해위험방지 계획서 및 안전관리계획서를 작성 2 산업안전보건 관리비를 계상 및 적용 3 석재 운반, 시공시 안전을 고려하여, 자재를 분산, 적재

14.1.1 관련 지식

- 도면관련 지식
- 견적산출관련 지식
- 물가 관련 정보자료
- 석재 종류 및 특성
- 관련 KS기준
- 국가계약법
- 하도급법
- 건설기술관리법
- 건설산업기본법
- 건축공사표준시방서
- 설계도서
- 기상정보 파악
- 타공정 연계성 파악
- 작업 난이도 구분
- 표준품셈
- 환경관련법규(폐기물관리법, 소음진동관리법 등)
- 산업안전보건법

14.1.2 기술력

- 설계도면 해독능력
- 공정표 작성 능력, 도면 작성 능력
- 물량산출 능력
- 공사공법
- 공정관리 프로그램 운영
- 안전관리 계획 작성

14.1.3 자세

- 계약사항을 준수하려는 의지
- 타 공정을 배려하려는 의지
- 안전규정을 준수하려는 의지
- 환경보존을 준수하려는 의지
- 품질시공을 준수하려는 의지
- 세밀함
- 대인관계

14.1.4 작업시 고려사항

- 모든 작업은 시공 계획서 및 설계도서를 준수하여야 한다.
- 공사수행방법
    - 설계 도면 확인
    - 견적서 작성
    - 시공 면적 및 석재 크기·종류·모양·시공방법 결정
    - 실측 산출
    - 감독 확인
- 공정표 작성

- 인원, 자재, 장비 투입계획에 관한 사항
• 계약 서류상 요구 되는 사항
  - 공사의 종류·도급 금액 및 견적 금액·공사 기간·공사비 지급 시기 및 방법 손해 부담 관련 사항, 물가 변동으로 인한 사항·공사지연 및 채무불이행으로 인한 연체 이자 및 위약금, 하자보수

14.1.5 자료 및 관련 서류

• 설계도서
• 현장설명서
• 견적서, 수량산출서
• 건축공사표준시방서
• 특기시방서
• 계약서
• 표준품셈, 공정표(가능한 네트워크공정표)

14.1.6 장비, 도구(재료 포함)

• 컴퓨터
• 공정관리프로그램
• CAD, BIM(필요시), 3D MAX, 포토샵
• 물량산출 프로그램
• 측량기(레이저 레벨 등)

14.2 석재가공

시공 전 원석을 사용하여, 석재를 생산하는 단계로 시공 시 효율적인 작업을 위해 공장 방문 및 검수시 필요한 능력을 기른다(특히 외국에서 가공한 석재를 반입할 경우 공장을 방문하여 검

수할 필요가 있다).

구분	내용
작업지시서 확인	1 작업지시서에 의한 물량, 종류 및 치수 파악 2 석종 및 표면마감 상태를 파악 3 시공 우선순위에 의한 생산 순서를 결정
원석 반입	1 석산에서 채석된 원석 중 치수에 적합한 원석을 공장에 반입 2 반입한 원석 중 불량 원석을 선별 3 불량 원석을 다른 원석과 구분하여 처리
자재 생산	1 작업지시서 상의 물량을 산출하고 치수를 파악하며, 그에 맞는 석재, 재단용 톱 등을 결정 2 할석기를 사용하여 원석을 절단(1차 가공) 3 판재일 경우에 요구하는 표면 마감작업을 한 후 규격에 맞게 재단(2차 가공) 4 표면마감을 먼저하고, 규격 재단 5 작업지시서에 표기된 마감 사양에 따라 석재 다듬기(버너 구이, 연마, 잔다듬, 혹두기 등)
자재 검수	1 작업지시서에 의하여 생산된 자재의 불량을 선별 2 작업지시서에 의한 가공된 수량·종류, 치수 및 표면가공 상태를 검수 3 석재 자재의 포장 상태를 검사 4 불량품들을 다른 자재와 구분하여 처리

14.2.1 관련 지식

- 작업지시서에 관한 지식
- 도면관련 지식
- 석재생산 공정에 관한 지식
- 품질관리 기법
- 산업안전보건법
- 환경관련 법규

14.2.2 기술력

- 작업지시서 파악 능력
- 석재 절단 및 가공 능력
- 할석기, 재단기 등 자재생산기계 활용 능력
- 석재가공 치수 산출 능력
- 자재검수 체크리스트 작성 능력
- 안전사고 방지 능력

14.2.3 자세

- 작업지시서를 준수하려는 의지
- 제품 규격사항을 준수하려는 의지
- 안전법령을 준수하려는 의지
- 환경법령을 준수하려는 의지

14.2.4 작업시 고려사항

- 시공 전 원석을 사용하여, 석재를 생산하는 단계로 모든 작업은 작업지시서를 준수하여야 한다.
- 다듬기란 버너구이, 연마, 잔다듬, 혹두기 등 바탕면을 처리하는 자재 생산 방법이다.

14.2.5 자료 및 관련 서류

- 작업지시서
- 마감 도면
- 석재의 종류 및 특성
- 자재검수 체크리스트

14.2.6 장비, 도구(재료 포함)

- 할석기(갱소우, 다엽식 원형톱 등)
- 절단용 톱
- 연마기
- 수평수직기
- 지게차
- 버니어캘리퍼스
- 집진기
- 각도기
- 줄자

14.3 시공 준비

시공 작업 전에 효율적으로 시공하기 위하여 자재반입을 파악하고 가설재, 기계 공구류를 점검한다.

구분	내용
자재 반입	1 반입된 자재의 수량이 출고증(송장)과 일치하는지 확인 2 반입된 물량의 자재 규격과 마감 상태가 작업지시서와 일치하는지 확인 3 운반 중 가공된 석재의 파손확인 및 불량품을 선별 4 반입된 석재를 시공이 용이하도록 시공 장소에 운반 및 배치 5 부자재(앵커세트, 에폭시, 시멘트, 모래 등)를 재료별로 준비
가설재 및 기계 공구류 검사	1 안전발판, 낙하물 방지망, 수직보호망 등을 점검 2 설치된 가설재가 석재공사가 용이하도록 구조물과의 이격거리를 확보 여부 확인 3. 절단기 및 믹서기, 전선 등 석재가공 기계공구류에 대한 안전점검

14.3.1 관련 지식

- 작업지시서에 관한 지식
- 기계공구류 사용법
- 가설재 안전기준에 관한 지식
- 부자재 종류
- 품질관리 기법
- 산업안전보건법

14.3.2 기술력

- 작업지시서 파악 능력
- 기계공구류 활용 능력
- 가설재 안전점검 체크리스트 작성 능력
- 자재검수 체크리스트 작성 능력

14.3.3 자세

- 작업지시서를 준수하려는 의지
- 시공준비(반입수량, 치수 등)의 정확성
- 기계공구류 안전 수칙 준수하려는 의지
- 안전법령 준수하려는 의지

14.3.4 작업시 고려사항

- 부자재로서 건식용 앵카(Anchor) 세트, 에폭시, 시멘트, 모래 및 메탈 트러스 같은 백 프레임에 대해 조사

14.3.5 자료 및 관련 서류

- 출고증(송장)
- 작업지시서
- 안전관련 법규
- 시공상세도
- 기계공구 사용설명서

14.3.6 장비, 도구(재료 포함)

- 수평수직기(레벨기)
- 절단기
- 믹서기
- 드릴
- 지게차
- 망치
- 윈치
- 전선(작업선)

14.4 석재 시공

시공하는 단계로 석재 붙이는 방법에 따라 효율적으로 공사를 수행하는 능력을 갖춘다.

구분	내용
습식 시공	1 분할 기준점에 따라 석재를 설치할 위치에 먹매김으로 표시하고 그 위치의 기준이 되는 점(스타트 포인트)에서부터 석재를 설치 2 모르타르 배합비율을 적정하게 맞추어, 강도를 조절 3 벽체 붙인 모르타르의 굳은 정도를 보고 줄눈에 끼운 나무쐐기를 제거

	4 줄눈에 백업재를 끼우고 모르타르를 채움 5 모르타르에 의한 석재면의 오염된 부위를 즉시 청소 6 수평자나 기준실과 같은 것으로 수평정도를 확인
건식 시공	1 수평기를 이용하여 벽면 기준선에 먹매김을 하고 드릴로 구멍을 뚫고, 앵커를 설치 2 핀을 고정하기 위해 석재의 윗면과 아랫면에 두개 이상의 구멍을 뚫는다. 3 석재를 임시로 가설치하고, 앵커세트로 임시 고정 4 가설치한 석재를 기준실 및 수평기를 이용하여 수직 수평 확인 5 기준실 및 수평기를 이용하여 설치한 석재의 수직·수평정도를 확인하여 본 설치 6 설치한 앵커를 완전하게 조임하고 앵커면과 석재를 고정하는 핀 사이에 에폭시(접착제)를 도포 7 인접한 돌과의 사이에 줄눈 두께의 쐐기를 끼운다.
반건식 시공	1 시공도면에 맞추어 먹매김의 수직·수평을 확인한 후 벽면에 동선(구리선)을 고정하고, 석재를 임의로 벽면에 가설치 2 줄눈의 크기에 따라 쐐기를 조정하고, 벽에 고정시킨 동선을 석재에 연결 3 가설치 석재를 검토 후, 석재를 본설치 4 동선 부분에 벽면과 석재 사이에 접착제(에폭시)를 도포 5 비오염성 실리콘제를 사용하여 줄눈 넣기를 할 수 있다.
습식 줄눈 시공	1 사춤 모르타르의 굳음을 확인 2 불필요한 철사, 철물을 제거 3 줄눈용 모르타르를 시멘트, 모래를 배합하여 준비 4 줄눈 속에 모르타르를 채운다. 5 고정철물을 아연도금, 녹막이 처리 6 줄눈면이 평탄하고 고르게 나오도록 마무리 7 석재면의 물 씻기
건식 줄눈 시공	1 줄눈 처리면을 청소 2 백업재를 줄눈 사이로 끼워 넣는다. 3 줄눈 옆에 코킹이 묻지 않도록 테이프를 붙인다. 4 줄눈에 코킹을 채워 넣는다. 5 코킹 표면을 매끄럽게 손질(주걱)한다. 6 코킹 표면이 묻어나지 않을 정도로 굳었음을 확인한 후 테이프를 제거 7 석재면을 청소

14.4.1 관련 지식

- 작업지시서에 관한 지식
- 설계도면에 관한 지식
- 공구류 사용법
- 모르타르 배합 기준에 관한 지식
- 수평수직 측정방법
- 보강재의 종류와 특성
- 석재의 종류와 특성
- 접착제(에폭시)의 사용법
- 부자재의 종류와 특성
- 줄눈재에 관한 지식
- 먹매김에 관한 지식
- 물량 산출에 관한 지식
- 건설기술관련법
- 산업안전보건법
- 환경관련법규에 관한 지식

14.4.2 기술력

- 작업지시서 해독 능력
- 도면 해독 능력
- 공구류 활용 능력
- 모르타르 배합 능력
- 수평수직 측정 능력
- 접착제(에폭시)의 배합 능력
- 부자재(앵커세트, 동선) 설치능력
- 줄눈재 설치 능력
- 먹매김 능력
- 물량 산출 능력

- 석재 붙임 능력

14.4.3 자세

- 작업지시서를 준수하려는 의지
- 시공의 정확성을 준수하려는 의지
- 공구류 안전 수칙을 준수하려는 의지
- 안전 관련법령을 준수하려는 의지

14.4.4 자료 및 관련 서류

- 설계도서
- 출고증
- 작업지시서
- 시공상세도
- 공정표
- 기계공구
- 견적서
- 시방서(특기시방서)
- 시공계획서
- 건설기술관련법
- 산업안전보건법
- 환경관련법규

14.4.5 장비, 도구(재료 포함)

- 모래, 시멘트
- 먹줄
- 수평자

- 백업재
- 기준실
- 석재용 드릴
- 앵커세트(앵글, 조정판, 근각볼트, 너트, 와샤, 대파볼트, 캡, 핀)
- 수직수평기(레벨기)
- PE필름
- 동선
- 접착제(에폭시)
- 절단기
- 믹서기
- 드릴
- 망치, 고무망치
- 윈치
- 전선(작업선)
- 비오염성 실리콘제

14.5 검사

설계도면과 시방서에 규정된 방법대로 설치하고, 충전하였는지 검사

능력단위요소	수 행 준 거
석재 검사	1 설계도서에 명시된 마감으로 석재를 붙였는지 확인 2 수평기와 기준실을 이용하여 석재가 수직·수평하게 시공되었는지 확인 3 석재가 틀어져 있을 경우 고무망치를 이용하여 바로 맞추기 작업을 한다. 4 석재 맞추기 작업만으로 안 될 경우 석재를 다시 붙인다.
줄눈 검사	1 석재에 줄눈이 바르게 시공되었는지 확인 2 석재면에 모르타르나 코킹이 묻어 나와 있는지 확인 3 줄눈 부위 내부의 밀실정도를 검사 4 모르타르 줄눈 시공 후 백화 현상 여부를 검사

14.5.1 관련 지식

- 도면
- 수직 수평기 사용법
- 기준실 사용법
- 줄눈재의 종류 및 특성

14.5.2 기술력

- 도면 해독 능력
- 육안 검사 능력
- 검사 체크리스트 작성 능력
- 공구 활용능력
- 청소 관리 능력

14.5.3 자세

- 검사의 정확성
- 품질 향상 의지 및 청결성

14.5.4 자료 및 관련 서류

- 시방서
- 설계도서
- 마감도면
- 검사 체크리스트

14.5.5 장비, 도구(재료 포함)

- 고무망치
- 실
- 수직 수평기
- 석재면 청소도구
- 모르터르 칼(주걱)

14.6 보양

설치한 석재면의 이물질과 오염물질을 제거하고 파손과 오염을 방지를 한다.

구분	내용
청소	1 보양을 하기 위해 이물질을 제거 2 석재 표면에 부착된 모르타르를 긁어낸다. 3 석재 표면에 묻은 이물질을 제거 4 석재 표면을 물 청소할 때는 그 전체 하부까지 물로 씻을 수 있으며, 물이 벽면에 직접 흘러내리지 않게 한다. 5 석재 회석액으로 오염 물질을 제거 6 표면이 건조하기 전에 물을 충분히 뿌려 씻어낸다.
보양	1 설치가 완료된 부분의 손상·오염에 대비하여 보양 2 모서리 돌출부에 보호대를 대어 충격에 의한 파손을 방지 3 매일 작업이 완료된 상부는 임시 보양하여 돌발 상황 및 낙하물에 의한 파손을 방지 4 완공 전에 보양재가 파손되었는지 점검 5 바닥제 표면 보양하기 위하여 PE 필름 등을 붙인 후 PVC 골판지를 대어 보양

14.6.1 관련 지식

- 작업지시서에 관한 지식
- 보양재의 종류 및 특성
- 공구류에 관한 지식
- 보양 점검법
- 희석액의 종류 및 특성
- 희석액의 사용법
- 오염원의 특성
- 석재의 성질

14.6.2 기술력

- 작업지시서 해독 능력
- 공구류 활용 능력
- 희석액 활용 능력
- 보양 점검 체크리스트 작성 능력
- 표면마감 특성에 따른 오염원 제거 능력
- 표면마감 청소 능력

14.6.3 자세

- 작업지시서를 준수하려는 의지
- 품질향상 의지 및 청결성
- 공구류 및 희석액 활용시 안전 준수하려는 의지

14.6.4 자료 및 관련 서류

- 시방서

- 계약서
- 보양관련 작업지시서

14.6.5 장비, 도구(재료 포함)

- 보양재(코너비드, 합판, PVC 골판지 등)
- 석재 희석액
- 솔이나 칼
- 걸레
- 철분기가 발생 가능한 공구는 금지(쇠솔)

부 록

- 석공사 관련 논문

"석공사 에폭시 사용에 관한 연구"　　　　　　　　대한건축학회 추계학술대회 논문집(2009. 10)
"건설신기술지정 중 석공사 분야에 관한 조사 연구"　대한건축학회 추계학술대회 논문집(2010. 10)
"석공사 신기술에 관한 연구"　　　　　　　　　　대한건축학회 춘계학술대회 논문집(2011. 4)
"석공사 안전관리에 대한 연구"　　　　　　　　　대한건축학회 춘계학술대회 논문집(2012. 4)
"석공사 하자에 대한 연구"　　　　　　　　　　　대한건축학회 춘계학술대회 논문집(2013. 4)

- 석공사 표준시방서, 2013

- 석재관련 한국산업규격

석공사 에폭시 사용에 관한 연구

A Study on Use for Epoxy Adhesive of Stone Work

안산공과대학 건축과 교수
건축학박사, 명예철학박사   최 준 오

Abstract

Even though the use of epoxy adhesive in stone anchoring method is a supplementary means, it is accepted as a major stone adhesion method in some construction fields because the low quality Chinese stone, especially, is damaged when it is drilled for pin installation. In this study, it is theoretically discussed that the epoxy adhesive method cannot be a major stone adhesion method.

키 워드 : 석재, 에폭시
Keywords : stone, epoxy adhesive

1. 서 론

1.1 연구목적

석재는 외장재, 내장재로서 내구성, 내마모성, 압축강도가 크고 또한 친환경 천연재로 산지가 다양한 만큼 다양한 색조와 장중하고 고급스러워 여러 용도의 건축물 마감으로 선호하는 재료이다.

외벽재로서 시공법도 다양해지고 있지만 석재 건식공법의 가장 초기 공법인 앙카긴결공법은 아직도 중규모 건축물에서는 많이 사용된다.

에폭시는 앙카긴결공법의 보조 고정 수단으로 사용해야 하는데도 불구하고 일부 현장에서는 주된 고정 시공법으로 사용하고 있어 이에 대한 주의가 필요하며 이유를 명확히 홍보할 필요가 있다.

1.2 연구 방법과 절차

본 연구는 문헌 정보와 최근 완공된 현장을 관찰한 후 현장에서의 에폭시 사용 실태와 주된 에폭시 사용 고정법이 위험한 것을 이론적으로 서술한다.

2. 앙카긴결공법과 에폭시 사용

2.1 앙카긴결공법

가장 일반적인 공법으로 건축물의 외장에 일반적으로 많이 사용되며 모르타르나 P.C. 대신 앵커시스템(Anchoring System)을 이용하여 구조체에 석재를 부착하는 방법이다. 물탈 경화시간이 필요 없으므로 공기 및 인건비를 줄일 수 있다. 그러나 강풍시 꽂임축 둘레의 파손을 방지하기 위해 일정 두께 이상의 석재판재를 사용하여야 한다.

2.2 에폭시 접착제
2.2.1 구성

에폭시 수지, 경화제, 충진제, 희석제, 기타 첨가제로 구성된다. 에폭시 수지는 에피크로히드린과 반응하는 형태에 따라 범용 에폭시수지, 난연성 에폭시수지, 내열성 에폭시 수지로 분류된다. 접착제의 주제와 반응하여 경화(화학반응에 의해 접착제의 접착 특성을 발현시키는 과정)를 촉진 또는 조정하는 물질인 경화제는 경화제의 종류 및 투입량에 따라 가사시간(도포하기 위하여 조제한 접착제가 사용될 수 있는 상태를 유지하는 시간), 경화시간, 경화 후 물성에 영향을 주므로 작업시 사양서에 따라 배합비를 준수해야 한다.

<표1> 일반 물성

	하절기		동절기	
	주제	경화제	주제	경화제
색 상	백색	흑색	백색	흑색
비 중	1.65	1.73	1.65	1.73
가사시간(Hrs)	40분		1시간20분	
경화시간(Hrs)	3시간 이내		7시간 이내	
수중경화 (섭씨0도~100도)	수중경화		수중경화	
점 도(CPS)	Paste		Paste	
배합비	1: 1		1: 1	
저장성	6개월		6개월	

희석제는 점도(유동하는 물질의 내부에 생기는 저항)를 조절하여 작업성을 개선하며, 접착제의 침투를 돕고, 2차적인 물성 보완 효과도 있다.

충진제는 사용되는 종류에 따라 효과가 다양하며, 충진제의 사용목적은 경화시 수축감소, 단가 저하, 기능성 향상이 있다.

2.2.2 특징

접착력이 강하고, 반응시 부생성물이 없으며, 상온에서 경화하고, 사용용도 범위가 넓으며, 내접착력이 강하고, 반응시 부생성물이 없으며, 상온에서 경화하고, 사용용도 범위가 넓으며, 내충격성이 약하다.

자동차, 전기, 전자, 토목, 건축 등 전 산업분야에 걸쳐 사용이 가능하다.

2.2.3 접착공법

일반적으로 혼합, 계량, 토출, 도포, 경화장치가 필요하며, 이 중 경화방법은 에너지 절약과 작업환경 등에 직접적인 영향을 준다. 자동차, 모터, 전구 등에 응용되며, 4000KHz로 수초에서 200초 이내에 접착력이 발현되는 고주파 가열법, 아기 등에 이용되는 마이크로 가열법, 좁은 면적에 아주 유효한 초음파 가열법이 있다.

2.2.4 에폭시 주의사항

① 주제와 경화제의 배합불량으로 에폭시가 경화되지 않을 경우에는 흡수율이 있는 석재에 에폭시의 가소재인 폴리아미드(Polyamide)가 흡수되어 황갈색으로 석재가 변색된다.
(황변현상:Yellowing)

② 빗물침투, 결로 등으로 일반형 에폭시가 수분과 반응하여 에폭시가 수분에 녹을 경우에도 석재에 에폭시의 가소재인 폴리아미드(Polyamide)가 흡수되어 황갈색으로 석재가 변색된다.(황변현상)

③ 0°C이하의 추운날씨에서는 주제와 경화제 반응열의 지연 또는 중단으로 경화가 늦어지거나 경화되지 않을 수 있으므로 인위적으로 열을 가하여 반응열이 진행되어 경화되게 해야 한다. 동절기에 에폭시를 사용하는 경우에는 반드시 경화 상태를 확인해야 한다.

④ 흡수율이 높은 대리석에 에폭시를 사용할 때에는 최소화하여 사용하고 특별히 흰색 계통의 대리석은(예: 비안코, 아라베스카토, 스타투아리오 등)백색의 경화제를 사용하며, 최소화하여 변색을 예방해야 한다.

⑤ 에폭시 사용 후 시멘트 모르타르로 채움을 할 경우에는 시멘트의 탄산칼슘(CaCo3)으로 인하여 에폭시가 녹아 에폭시 가소재인 폴리아미드(Polyamide)가 석재에 흡수되어 황갈색으로 변색된다.
(황변현상:Yellowing)

3. 현장 조사

3.1 조사 대상 건축물

조사 대상 건축물은 경기도 광주시에 위치한 S대학교 증축공사로 외부 석공사의 시행하던 2007년 10월부터 2008년 1월까지 시공 과정을 1주일에 2회씩 정기적으로 조사하였다.

3.2 외부 석재판재 시공시 문제점 발췌

조사 대상 건축물의 석재 시공의 과정 중 불합리한 부분들을 발췌하여 보면 다음과 같다.

그림 1 완공된 전경

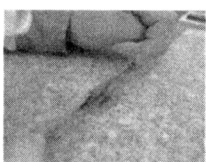

그림 2 석재판재 입고시 밴딩 불량

그림 3 밴딩 불량으로 인한 녹

그림 4 저질(강도)중국산 석재판재

그림 5 약한 강도로 인한 모서리 깨진모습

그림 6 석재판재의 불균일한 두께

그림 7 핀 사용않고 에폭시 부착하려는 장면1

그림 8 핀 사용않고 에폭시
부착하려는 장면2
(석재판재가 깨진부분도 보임)

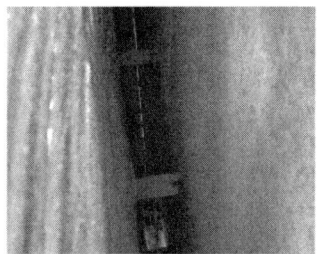

그림 9 핀 사용않고 에폭시
부착1

그림 10 핀 사용않고 에폭시로
부착2

시공사의 저가 수주로 인해 여러 가지 물성에서 저급한 중국산 석재를 선택함으로 인해 현장에 자재 입고시 불량 포장으로 인한 녹 물음과 파손된 석재들이 상당히 투입이 되었다.

또한 외부 석재판재를 앙카긴결공법으로 설치하기위해 핀을 사용해야함에도 불구하고 핀구멍을 위한 드릴작업시 약한 석재의 강도로 인해 석재판재가 깨져나가 핀을 설치할 수 없어 에폭시를 사용하였다. 그리고 드릴작업에 드는 시간을 덜기 위해, 즉 인건비 절감을 위해 에폭시 사용을 하게 되었다.

3.3 에폭시 사용의 문제

3.3.1 물리적인 문제점

기존에 사용 중인 건식공법의 석재판재 접착 방식으로 패스너와 석재판재가 에폭시로 접착되어 일체화되는 공법을 많이 사용하(fastener)과 에폭시는 시공 후 거의 분리되지 않는다. 다만 석재의 인장강도가 작기 때문에 반복되는 진동 또는 외력에 의하여 발생하는 응력에 대해서 적절한 변위 흡수 능력이 없으면 쉽게 파괴된다. 또한 고층 및 초고층 건물의 경우, 건물 자체의 진동에 의하여 좌우로 수십 mm 씩 움직이게 설계하는데, 에폭시를 이용하여 석공사를 하였을 경우에는 전체가 하나의 구조체로 연결되어 응력 분산이 안되고 변위 흡수 능력이 없어 움직임의 폭이 커지게 되어 석재 부위가 파괴된다.

3.3.2 화학적인 문제점

에폭시 수지의 화학적 구조와 경화제, 산성비의 성분을 화학적으로 분석 요청한 결과 아래와 같이 수분과 산성비에 의해 결합이 끊어진다.

1) 화학 구조식

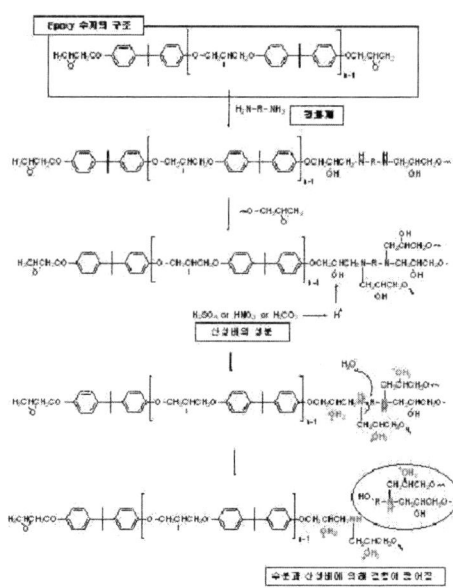

그림 11 화학 구조식(1-5)

① 1번 박스안의 구조식:

일반적인 에폭시 화합물의 구조식을 나타내며 중간에는 디메틸 디페닐기의 페닐기와 프로필렌 옥사이드가 결합하여 에테르 결합을 형성하고 있고 가장자리에는 프로필렌 옥사이드 기능기들이 남아 있어서 반응성이 높은 상태의 모습을 보여준다.

② 2번 구조식

1번 박스안의 에폭시 화합물에 디아미노알킬(일반적으로 "하드너(hardner)"라고 말함)을 반응시키면 (1번 화합물 밑에 있는 화살표) 1번 화합물의 한쪽 끝에 있는 프로필렌 옥사이드와 반응하여 베타-하이드록시 C-N 결합을 일으키며 두 개의 1번 화합물이 디아미노알킬에 의해 연결되는 모습을 보여준다.

2번 화합물에 남아있는 두 개의 아민은 디알킬 아민으로서 아직 1번 박스안의 에폭시 수지 화합물과 각각 한번 더 반응하여 트리알킬아민 구조를 이루면서 에폭시 화합물 두 개가 더 달라붙는다. 이와 같은 반응들은 왼쪽에 남아 있는 말단 에폭시 기능기들에서도 일어나므로 결과적으로 여러개의 에폭시 수지 화합물들이 하드너인 디알킬아민과 반응하여 가교를 이루기 때문에 에폭시 화합물과 하드너를 섞어 주면 점차적으로 단단하게 변한다.

④ 4번 5번 구조식

그런데 자동차 등 매연에서 발생되는 황산화물(SOx: 주로 SO2와 SO3)과 질소산화물(NOx: 주로 NO2와 NO3)이 비와 만나게 되면 산성비(H2SO4, H2SO3, HNO3 등)를 생성하게 된다. 이 산성비가 3번 구조식에 나타낸 경화된 에폭시와 만나게 되면 4번 식에 나타낸 것과 같이 산성비 속의 양성자가 트리알킬아민의 비공유 전자쌍과 결합하여 트리메틸알킬암모니움을 형성하게 된다. 그렇게 되면 물에 의해 알킬아민 결합들이 가수분해 반응을 일으키어 가교결합이 깨져서 5번 구조식과 같이 변하게 된다. 이는 즉, 에폭시 수지가 산성비에 의해 분해되어 가지고 있던 접착력이 사라지는 현상을 나타낸다.

2) 경화제의 종류

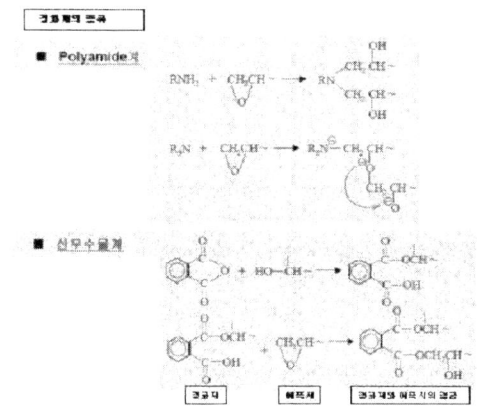

그림 12 경화제 화학적 구조

① 폴리아마이드계

말단의 에폭시기에 알킬아민 두 분자가 반응하여 두 개의 베타아민알콜을 형성하며 에폭시 화합물 두 분자가 한 개의 알킬아민과 반응하여 좀 더 큰 고분자가 형성되며 경화되는 현상을 설명한다.

말단의 에폭시기에 알킬아민 한 분자가 반응할 때 생성되는 중간체인 알콕시 기가 다른 에폭시 화합물과 친핵성 반응을 일으키어 여러 개의 에폭시 화합물들이 에테르 결합을 통해 서로 연결되어 경화되는 현상을 화학적으로 설명한다.

② 산 무수물계

벤젠프탈산무수물이 (이를테면 위 1번 반응에서 생긴) 알콜기를 갖은 분자와 반응하여 에스테르 결합을 통해 연결되는 현상을 설명하며

위 반응에서 생성된 벤조산이 에폭시 화합물과 반응하는 현상을 설명하며 결국 에폭시 화합물에 산무수물계 화합물을 경화제로 넣어주면 이러한 반응들을 통해 에폭시 화합물이 크로스링크(crosslink)되어 경화된다는 현상을 화학적으로 설명해 주고 있다.

3.3.3 소결

에폭시 위주의 외벽 석재판재 시공시 장기적으로 강도가 저하되는 이유는 다음과 같다.

① 공기 중에 노출될 경우

공기 중의 수분과 CO2의 결합으로 형성된 탄산의 공격을 받아 결합이 끊어진다.

② 비오는 날에 노출될 경우

산성비로 부터의 황산 또는 질산과 수분과 반응으로 결합이 끊어져 강도 저하를 초래한다.

4. 결론

외부 석공사 현장을 정기적으로 조사 연구한 결과는 다음과 같다.

① 현장에서 사용한 석재는 중국산으로 강도면에서나 여러 가지 물성에서 국내석 보다 약한 것을 시험성적서에서 알 수 있었다. 물론 중국산이 전부 국내산 보다 질적으로 약한 것은 아니다. 따라서 물성이 KS 규정 보다 나은 중국산을 사용해야 한다.

② 석재판재 입고시는 철재 밴딩을 사용할 경우 코너 부위와 철재 밴딩의 이음 부위를 보양해 두어야 석재면에 생기는 녹을 방지할 수 있다.

③ 앙카긴결공법은 핀을 꽂기 위한 드릴시 일정 두께 미달시 파손됨으로 이를 보완하는 수단으로 또 이미 입고된 석재판재를 사용하기 위해 핀 대신 에폭시 접착제를 사용하였으나, 이는 외부 석재판재 상하를 일체화시키는 역할을 함으로 당분간은 큰 영향이 없으나 향후 강풍이나 빗물에 의해 에폭시가 약화되어 외벽에 무리가 가해진다.

④ 앙카긴결공법시 에폭시 접착제는 보조용으로 사용해야지 선적으로 에폭시 만으로의 시공은 상당히 위험하다. 특히 수분과 산성비에 의해 화학적 구조에서 끊어지는 현상이 나타나 장기적으로 볼 때 대단히 위험한 시공법이다.

참고문헌

1. 민병태 (최준오 감수), 석공사 실무 기초, 석재신문사, 2007. 6.
2. 최준오 외, 최신 건축시공학, 기문당, 2006.9.
3. 이수용 외, 석공사 줄눈부위의 실링재에 의한 석재오염의 평가, 대한건축학회 논문집 구조계 21권3호 2005.3.
4. 송승영 외, MOCK-UP 시험을 통한 석재마감 커튼월의 전열성능 평가에 관한 연구, 대한건축학회 논문집 계획계 22권8호. 2006.8.

석공사의 건설신기술지정에 관한 연구
A Study of Preference Survey on Stone Work in the New Technology of Construction

최 준 오*
Choi, Joon-oh

Abstract

Stone masonry becomes considerable portion on construction cost and its preference is getting increased. However, the portion of stone masonry is negligible in current designation status of innovative architectural technologies.
This study investigates and analyzes the current designation status of them and new technologies of stone mason. In future, this study may be a reference on cost reduction and improvement of technology in stone masonry.

키워드 : 석재, 건설신기술 Keywords : stone, new technology of construction

1. 서론

1.1 연구목적

석재는 외장재로서 내구성, 내마모성, 압축강도가 크고 천연재로 산지가 다양한 만큼 다양한 색조와 장중하고 고급스러워 선호하는 재료이다.
외벽재로서 시공법도 다양해지고 건축공사 비용 중 석공사 비용이 상당한 비중을 차지하는데 반해 건설신기술지정에 있어서는 미약하다. 원가절감 및 기술력 축적 측면에서 석공사의 신기술지정이 많이 늘어야할 처지에 있다.
본 논문은 건설신기술지정에서 석공사 분야의 현재 상황을 조사하고 발전 방향을 제시하고자 한다.

1.2 연구 방법과 절차

본 연구는 문헌 정보와 최근 완공된 현장을 관찰한 후 현장에서의 에폭시 사용 실태와 주된 에폭시 사용 고정법이 위험한 것을 이론적으로 서술한다.

2. 건설신기술지정 현황과 석공사 지정

2.1 건설신기술지정 현황

2008년 3월 31일 현재 전체 지정건수는 552건으로 분야별 지정 현황은 다음 <표1>과 같다.

<표1>에서 보는 바와 같이 건축분야는 전체 552건 중 110건으로 19.93%를 차지하고 있다.

또한 주체별 지정 현황을 보면 아래 <표2>와 같이 중소업체가 385건으로 전체의 69.75%를 차지해 신기술지정에 있어 중,소업체가 상당한 영향을 끼치는 것을 알 수 있다.

<표 1> 분야별 신기술지정 현황

	토목	환경(상하수 등)	건축	도로	토질 및 기초	조경	지정취소	합계
지정건수	148	99	110	86	91	16	2	552

<표 2> 주체별 신기술지정 현황

	중,소업체	대기업	개인	합계
지정건수	385	127	40	552

2.2 석공사 지정 현황

석공사 분야의 지정 건수는 6건으로 <표3>과 같다. 건축분야 110건 중 석공사 분야는 6건으로 불과 5.45%를 차지하고 있으며, 6건 중 4건은 설치에 관련된 공법이고, 2건은 마감에 관련된 공법이다. 또한 주체별 현황은 중,소업체가 5건이고 1건이 대기업으로 나타난다. 이중 석공사 업체는 불과 1개 업체로 나타났다.

안산공과대학 건축과 교수 / 건축학박사, 명예철학박사

<표 3> 석공사 분야 신기술지정 현황

지정번호	신기술명	고시일자	보호기간	회사명	주소
75	건석재공사용 고집돌타일 및 석작기술	1997.8.25	5년	(주)현대건석용양가	서울서초구
169	완충장치를 이용한 신석재설치 공법	1999.6.4	5년	(주)서건건축사사무소	대구수성구
177	그립철철물을 이용한 외벽석재 오픈조인트 공법	1999.6.28	5년	삼성물산(주)	경기도성남시분당구
218	회전환성력 클리스팅을 이용한 석재(화강석)고운다등공법	2000.2.12	5년	(주)지선전팅산업	서울강남구
463	마감용 석재 및 단열재가 일체화된 콘크리트 블록 제조 및 조석공법	2005.7.1	3년	(주)세이지비	인천서구
481	원추형 와셔로 구성된 긴결볼트와 완충장치를 사용한 수직면 석재판 설치공법	2006.1.4	3년	(주)석운	서울송파구

3. 전문건설업 중 석공사 비중

3.1 업종별 도급계약 실적

2007년도 전체 23개 전문건설의 업종별 계약실적을 보면 전체 금액은 58,457,152백만원이며, 이중 석공사업종은 1,571,200백만원으로 2.68%에 이른다.

3.2 도급계약 실적과 신기술지정 비교

2008년3월31일 현재 신기술 지정건수가 552건인데 비해 석공사 분야의 신기술 지정 건수는 6건으로 1.09%를 차지하고 있다.

이 비율은 앞의 전문건설 업종별 전체 계약실적 대 석공사업 계약실적 비율 2.68%에 비해 현저히 떨어지는 수치가 된다.

4. 결론

석공사는 건축공사 비용 중 상당한 비중을 차지하고, 단위당 단가가 다른 공종에 비해 현저히 높아 공사비 절감시 우선적인 고려 분야가 된다.

그러나 타 공종에 비해 신기술지정에 있어서는 전체 552건 중 6건에 불과해 상당히 기술 개발이 저조한 것으로 나타나고 있다.

또한 석공사 원가분석을 크게 보면 원석단가, 가공단가, 설치단가로 구분될 수 있는데 신기술지정 6건 중 4건이 설치에 관련한 것이고, 2건이 마감처리에 대한 것으로 나타나고 있다.

따라서 단가 중 가장 큰 비중을 차지하는 원석에 대한 원가절감에 대한 신기술이 개발되어야 함은 물론이고 지

신기술지정 주체 면에서 보면 중,소업체가 5건이고 1건이 대기업이며, 이중 석공사업체는 불과 1개 업체로 나타났다. 전국적으로 석공사업체 수에 비해 너무도 신기술 개발에 있어서 전무하다시피 하다. 특히 신기술지정 중 대형건설업체, 건축설계사무실이 신기술을 지정받는 것을 볼 때 석공사업체의 적극적이고 지속적인 기술 개발 투자와 연구가 필요하다.

<표 4> 2007년 전문건설 업종별 도급 계약실적
(단위: 건, 백만원)

업 종	합 계		비율 %
	건 수	금 액	
합 계	530,741	58,457,152	100%
실 내 건 축	66,191	6,327,201	
토 공	20,668	7,949,197	
미 장 방 수 조 적	24,565	2,683,306	
석 공	15,684	1,571,200	2.69%
도 장	24,706	1,163,425	
비 계 구 조 물	7,174	1,152,246	
금 속 구 조 물 창 호	65,525	5,143,821	
지 붕 판 금 건 축 물 조 립	7,037	927,886	
철 근 콘 크 리 트	84,692	11,482,054	
설 비	80,004	8,117,255	
상 하 수 도	46,650	2,258,470	
보 링 그 라 우 팅	3,788	474,449	
철 도 궤 도	219	115,660	
포 장	14,176	1,189,583	
수 중	831	575,225	
조 경 식 재	17,155	1,471,239	
조 경 시 설 물	7,855	891,672	
강 구 조 물	5,010	2,080,762	
철 강 재	156	833,782	
삭 도	52	10,879	
준 설	97	323,008	
승 강 기	2,462	138,768	
시 설 물	36,044	1,576,066	

참고문헌

1. 민병대, 석공사 실무 기초, 석재신문사, 2007. 6.
2. 최준오 외, 최신 건축시공학, 기문당, 2006.9.
3. 최준오, 임병훈, 건축재료학, 도서출판 서우, 2002.2

석공사 신기술에 관한 연구
A Study of New Construction Technology on Stone Work

최 준 오*
Choi, Joon-Oh

Abstract
This study is to specify new construction technologies in stone mason construction and investigate the applications of those technologies. With this study, a direction of stone mason construction technology development in future is suggested.

키워드 : 석공사, 신기술   Keywords : stone work, new construction technology

1. 서 론

1.1 연구의 목적
석재는 외장재로서 내구성, 내마모성, 압축강도가 크고 천연재로 산지가 다양한 만큼 다양한 색조와 장중하고 고급스러워 선호하는 재료이다.

외벽재로서 시공법도 다양해지고 건축공사 비용 중 석공사 비용이 상당한 비중을 차지하는데 반해 건설신기술 지정에 있어서는 미약하다. 원가절감 및 기술력 축적 측면에서 석공사의 신기술지정이 많이 늘어야할 처지에 있다.

본 논문은 석공사 분야의 건설신기술지정 범위와 지정 이후 활용에 대해 연구하여 향후 석공사 기술 발전 방향을 제시하고자 한다.

1.2 연구 방법과 절차
본 연구는 문헌 정보와 관련 인터넷 사이트를 중심으로 조사 분석하여 석공사 신기술의 방향을 연구한다.

2. 건설신기술지정 현황과 석공사 지정

2.1 건설신기술지정 현황
2011년 3월 14일 현재 전체 지정건수는 617건으로 분야별 지정 현황은 다음 <표1>과 같다.

<표 1> 분야별 신기술지정 현황

기술분야	지정현황
도로 및 철도	86
토목구조	63
토목시공	71
토질 및 기초	91
수자원 및 철판	10
상하수도	103
환경관리	30
건축설계 및 설비	14
건축시공	109
시설물 유지관리	40
계	617

<표1>에서 보는 바와 같이 건축시공분야는 전체 617

안산공과대학 건축과 교수 / 건축학박사, 명예철학박사

건 중 109건으로 17.67%를 차지하고 있다.

2.2 석공사 지정 현황
석공사 분야의 지정 건수는 6건으로 <표2>와 같다.

<표 2> 석공사 분야 신기술지정 현황

지정번호	신기술명	고시일자	보호기간	회사명	주소
75	건식석재공사용 고정볼트앵글 제작기술	1997.8.25	5년	(주)현대건설용앙카	서울 서초구
169	완충장치를 이용한 건식석재설치 공법	1999.6.4	5년	(주)서린 건축사사무소	대구 수성구
177	그립형철물을 이용한 외벽석재 오픈조인트 공법	1999.6.28	5년	삼성물산(주)	경기도 성남시 분당구
218	회전원심력 블라스팅을 이용한 석재(화강석)고운다듬 공법	2000.2.12	5년	(주)지선 건영산업	서울 강남구
481	원추형 와셔로 구성된 긴결볼트와 완충장치를 사용한 수직면 석재판 설치공법	2006.1.4	7년	(주)석촌	서울 송파구
586	2단식 스프링앵커의 처짐방지 및 위치 고정용 앵글을 이용한 석재 또는 패널 제작공법	2009.9.2	3년	(주)대동석재공업	경기도 포천

건축시공분야 109건 중 석공사 분야는 6건으로 불과 5.5%를 차지하고 있으며, 6건 중 5건은 설치에 관련된 공법이고, 1건은 마감에 관련된 공법이다. 또한 주체별 현황은 중,소업체가 5건이고 1건이 대기업으로 나타난다. 이중 석공사업체는 불과 2개 업체로 나타났으며 설계사무소가 1개 앵글제작업체가 1개이다.

3. 석공사 신기술 분석

3.1 설치 관련 공법
1)건식석재공사용 고정볼트앵글 제작기술(75호):

부록 213

미끄럼 현상을 방지하는 고정철물 사용

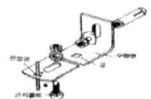

<그림 1> 75호 공법

2) 완충장치를 이용한 건식석재설치 공법(169호):
석재판넬 고정부에 매입 Shoe Case를 이용하여 응력 전달을 완충 구조화하여 구조안성을 확보, 시공 및 보수에 합리적으로 개선된 상하 분리형 Fastener를 개발

<그림 2> 169호 공법

3) 그립형철물을 이용한 외벽석재 오픈조인트 공법(177호):
석재판넬 접합부에 실런트를 사용하지 않고 외벽마감이 가능

4) 원추형 와셔로 구성된 긴결볼트와 완충장치를 사용한 수직면 석재판 설치공법(481호):
석재판 배면에 긴결볼트를 설치하여 지지하며 완충장치를 설치하여 구조체의 연결철물과 조립

<그림 3> 481호 공법

5) 2단식 스프링앵커와 처짐방지 및 위치 고정용 앵글을 이용한 석재 또는 패널 제작공법(586호):
처짐 방지 및 위치 고정을 위한 2연식 앵글을 이용

<그림 4> 586호 공법

3.2 마감 관련공법
회전원심력 블라스팅을 이용한 석재(화강석)고운다듬공법(218호):
회전원심력 Shot Ball을 이용한 석재(화강석) 고운다듬 공법

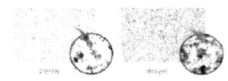

<그림 5> 218호 공법

3.3 활용 현황

<표3>에서 보는 바와 같이 신기술 6건 중 4개가 보호 기간 만료가 되었으며 공식적으로 활용 건이 없는 경우도 2개나 있다.

<표3> 신기술 활용 현황

기술 번호	신기술명	활용 건수	비고
75	건식석재공사용 고밀돋나래글 세작기술	0	만료
169	완충장치를 이용한 건식석재설치 공법	8	만료
177	그립형철물을 이용한 외벽석재 오픈조인트 공법	0	만료
218	회전원심력 블라스팅을 이용한 석재(화강석)고운다듬공법	56	만료
481	원추형 와셔로 구성된 긴결볼트와 완충장치를 사용한 수직면 석재판 설치공법	11	
586	2단식 스프링앵커와 처짐방지 및 위치 고정용 앵글을 이용한 석재 또는 패널 제작공법	2	

4. 결론

석공사 연결철물에 의한 건식공법은 크게 본구조체 고정부, 연결부, 석재판재 접합부로 나눌 수 있다. 신기술로 등록된 6가지 석공사중 5가지가 설치관련공법으로 이중 3개 부위를 전부 고려하여 신기술 인정된 공법은 3개(169호, 481호, 586호)이고, 석재판재 접합부에 대한 공법은 177호로 지정된 1건이다. 연결부에 대한 건은 75호 1건이며 석재 마감에 대한 공법은 218호로 지정된 1건이다.

이들 신기술은 구조체 고정, 응력전달 완충, 보수의 용이성, 처짐 방지를 고려했다. 한편 공식적으로 신기술을 이용한 활용측면에서 볼 때 마감 관련공법이 56회로 현저히 많은 반면 설치관련은 한건도 없는 경우가 2건(75호, 177호) 2번 활용한 경우가 586호 이다. 설치관련 공법의 이용 건이 그나마 있는 것을 살펴볼 때 개발주체가 설계사무소, 석공사업체로 설계업체의 경우 설계초기부터 설계에 반영 했을 것으로 판단된다.

석공분야의 신기술이 적극 활용되기 위해서는 석공사 업체의 적극적이고 지속적인 기술 개발 투자와 연구가 필요하다.

또한 석공사 신기술의 공식적 활용 건을 개발 주체의 협조를 얻어 활용이 저조한 이유를 분석하여 새로운 기술개발이 필요하다.

참고문헌
1. 민병대, 석공사 실무 기초, 석재신문사, 2007. 6.
2. 최준오 외, 최신 건축시공학, 기문당, 2006.9.
3. 최준오, 임병훈, 건축재료학, 도서출판 서우, 2002.2
4. 최준오, 석공사의 건설신기술지정에 관한 연구, 대한건축학회 학술대회 2010.10.
5. 최준오, 석공사 예폭시 사용에 관한 연구, 대한건축학회 학술대회 2009.10.
6. 건설신기술사이버전시관
http://cyber.kictep.re.kr/ntec/http://cyber.kictep.re.kr/ntec/cyber/Main.do?exeNo=442&cdVlu=09&typ=Y

석공사 안전관리에 대한 연구
Research on the Safety Management of Stone Work

최 준 오*
Choi, Joon-Oh

Abstract
As the use of building stone becomes popular and its portion becomes considerable in construction work, safety accidents in stone work increase. This research is to prepare the safety measures by investigating and analyzing the safety accidents in stone work in type by type.

키워드 : 석공사, 안전관리   Keywords : Stone Work, Safety Management

1. 서 론

1.1 연구의 목적
석재는 외장재로서 내구성, 내마모성, 압축강도가 크고 천연재로 산지가 다양한 만큼 다양한 색조와 장중하고 고급스러워 선호하는 재료이다.

외벽재로서 시공법도 다양해지고 건축공사 비용 중 석공사 비용이 상당한 비중을 차지한다. 그러나 석재는 다른 자재에 비해 단위당 중량이 무거우며 다른 공종에 비해 최종 마감임으로 늘 공기에 쫓겨 안전사고의 위험이 높다.

본 논문은 건축 석공사 안전사고 사례를 조사 분석하여 석공사 수행시 안전사고를 최소화하고자 안전관리 지침을 제시하고자 한다.

1.2 연구 방법과 범위
본 연구는 문헌 정보와 관련 인터넷 사이트를 중심으로 재해로 보고한 사례 중 사망사건에 대해 조사 분석하고 현장에서의 석공사 공정에 따른 안전관리 체크포인트를 제시하고자 한다. 연구 범위는 건축물 내외부 석재로 한정하며, 석축 등은 제외한다.

2. 석공사 재해사례

2.1 재해사례
재해 형태를 보면 추락, 전도, 도괴 등이 있으며 보고된 9건의 사례는 표 1과 같다.

2.2 사례 분석
2006년 9월 이후 보고된 재해 9건 중 2건을 제외하고는 7건이 추락으로 사망하였다. 전도와 도괴로 인한 재해가 1건씩인데, 도괴의 경우 대량 사고로 연결되어 1명 사망, 10명 부상으로 나타났다.

또한 9건 중 8건이 외부 비계와 관련이 되며, 1건은 크레인과 관련된다. 비계 관련 8건 중 3건이 윈치와 관련되고 있다.

재해사례가 9건 밖에 안되지만 사건 발생별 계절과 요일 분포를 보면 특별한 계절이나 요일에 집중되는 것은 없다.

규모 측면에서 보면 고층이나 저층 구분 없이 발생됨을 알 수 있다.

2.3 위험 요소
재해사례를 분석한 결과 위험 요소를 정리하면 다음과 같다.
· 원치를 이용하여 자재운반 중 석재가 로프에서 탈락하여 낙하
· 건물 내부에서 비계상으로 석재 이동작업중 낙하, 추락 위험
· 외부비계 및 작업발판 위에 석재 등 과다적치로 비계 붕괴
· 비계 위에서 돌붙임 작업중 발판 미설치로 추락
· 비계 하부 통제 미실시로 낙하물에 의한 낙하 재해
· 상하부 동시작업으로 낙하재해
· 곤도라 과하중 적재로 붕괴
· 곤도라 이동 중 좌우 불균형으로 기울어져 추락
· 인력운반시 운반물 무게 과다로 요통 재해
· 자연석 쌓기용 석재 무게중심 이탈로 체인이 빠져 낙하 및 협착 재해
· 자연석 쌓기 장비 운전자 시야 미확보(신호수 미배치)로 협착 재해

2.4 석공사 공정
건축 석공사 순서를 Shop Drawing과 행정업무를 제외하고 현장에서 행해지는 공정을 정리하면 다음 그림 1과 같다.

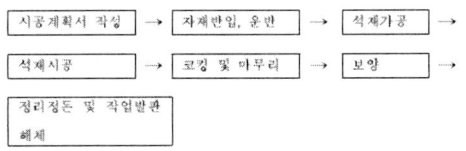

그림1. 석공사 작업순서

---
* 신안산대학교 건축과 교수 / 건축학박사, 명예철학박사

표1. 재해사례

	재해내용	현장위치	규모	재해일자	재해형태	사상자수
1	외부쌍줄비계(4층)위 석공사 코킹작업 후 코킹통을 챙기는 중 추락	안산시 상록구 ○○대학교 공학관 신축공사	지하1층, 지상5층	2006.9. 16(토) 17시20분	추락	사망1명
2	비계작업 발판단부에서 원치로 석재 인양중 실족사	영등포구 여의동 ○○오피스 신축공사	지하2층, 지상13층	2006.11. 13(월) 13시10분	추락	사망1명
3	외부쌍줄비계장의 작업발판에서 전동윈치로 석재 인양작업 중 무게중심이 밖으로 쏠리면서 추락사	대전 서구 도가동 ○○빌딩 리모델링공사	지상4층	2007.11. 16(금) 15시15분	추락	사망1명
4	외부비계의 작업발판 위에서 외벽 석재 작업하던 중 벽면과 작업발판 사이의 개구부(폭0.55m)로 추락사	서울 관악구 신림동 ○○근생 신축공사	지하1층, 지상4층	2008.5. 24(토) 10시	추락	사망1명
5	외부비계(5단) 상부의 석재 양중용도로 설치된 위치에 리모콘 및 전원선을 연결하기 위해 안전난간의 중간대를 밟고 올라서던 중 미끄러져 약9m 아래로 추락사	경기도 의왕시 내손동 ○○아파트 신축공사	지하2층, 지상25층	2009.4. 17(금) 7시50분	추락	사망1명
6	석재 파레트를 인양하던 중 전도되면서 카고크레인 붐대가 가격 사망	전북 전주시 완산구 ○○지구공사	조경면적 13,410㎡	2009.10. 5(월) 8시55분	전도	사망1명
7	지상5층 외부시스템 비계에서 외벽 석재(780*50*30) 청소작업중 해체하여 작업발판에 적치한 석재하중(약40톤)과 작업하중 등을 견디지 못한 비계가 도괴, 15m아래 지상바닥으로 추락	용인시 기흥구 ○○연구소 증축공사	지하3층, 지상10층	2010.7. 29(목) 17시	도괴	사망1명 부상10명
8	지상3층 진입 계단부의 끝단에 몰딩 석재 시공 후 몸의 중심을 잃고 추락사	부산 동구 범일동 ○○보험 사옥신축공사	지하3층, 지상15층	2011.1. 21(금) 17시	추락	사망1명
9	2명이 강관비계 위에 설치된 작업발판 상부에서 외부 석재 설치작업을 위한 준비 중 작업발판이 탈락되어 11m에서 떨어져 사망, 안전대 착용한 1명은 부상	경기도 파주시 문산읍 ○○아파트 신축공사	13개동 780세대	2011.8. 11(목) 13시15분	추락	사망1명 부상1명

4. 결론

재해사례를 분석하고 위험 요소들을 석공사 작업순서에 따라 정리해 본 결과 다음 표 2와 같이 석공사 안전관리 체크포인트를 제시하게 되었다.

표2. 석공사 안전관리 체크포인트

석공사 주공종	체크 포인트
시공계획서	자재반입 계획, 작업방법 및 위험요인 인력계획 및 작업조 편성, 작업발판 설치 계획, 장비 사용계획
자재반입, 운반	자재 야적 장소 확보 하역장비 작업준비 - 적정 장비용량, 안전장치, 유도자 배치 자재 야적방법, 적재높이 준수
석재가공	그라인더, 연마기 사용 안전 가설전기 안전
석재시공	양중작업 안전 - 리프트, 윈치 작업발판 설치 - 비계위의 작업내용, 적치자재 등을 감안하여 발판 설치 - 곤도라 안정성 인양로프, 자연식 쌓기의 체인 안전 개구부 주변작업 안전조치
코킹 및 마무리	달비계의 적절성 - 로프 묶음 장소, 2개소 이상 결속 - 작업로프 및 구명줄의 안전확보 - 구명로프(안전대 부착)의 설치
보양	외부 기후변화 비, 눈, 경화 불량 우려시 작업중단
정리정돈 및 작업발판 해체	작업발판 해체 - 비계, 달비계 정리정돈 및 청소

참고문헌

1. 민병대, 석공사 실무 기초, 석재신문사, 2007. 6.
2. 최순오 외, 최신 건축시공학, 기문당, 2006.9
3. 최순오, 임병훈, 건축재료, 도서출판 서우, 2002.2
4. 최순오, 석공사의 건설신기술지정에 관한 연구, 대한건축학회 학술대회 2010.10.
5. 최순오, 석공사 에폭시 사용에 관한 연구, 대한건축학회 학술대회 2009.10.
6. 최순오, 석공사 신기술에 대한 연구, 대한건축학회 춘계학술대회 2011.4
7. 이현수 외, 통합안전관리 프레임워크에 관한 연구, 대한건축학회 학술발표대회 논문집 제28권 제1호, 2008.10.24~25
8. 이재섭 외, 가설시설물의 재해발생 매커니즘 분석을 통한 효율적인 안전관리, 대한건축학회논문집 구조계 제26권 제11호, 2010.11
9. 김재준 외, 해체공사시 안전관리시스템 필요성에 대한 기초연구, 대한건축학회 추계학술대회논문집 구조계 제31권 제2호, 2011.10.29
10. 이현수 외, 건설안전에서 작업자의 인지된 위험, 대한건축학회 추계학술대회논문집 구조계 제31권 제2호, 2011.10.29
11. 이동은 외, 사망자 및 중환자를 유발하는 건설중대재해 요인간 연관성 분석, 대한건축학회논문집, 구조계 제28권 제2호, 2012.2
12. 한국산업안전보건공단 www.kosha.or.kr

석공사 하자에 대한 연구
A Study on Maintain the Stone Work

최 준 오*
Choi, Joon-Oh

Abstract

As the architecture become larger, taller and higher quality, the consumption of stone is larger and alternative materials are being developed to replace the stone. The purpose of this study is to maintan the stone business strong against the alternative materials by investigating defects of stone construction and conducting quality control.

키워드 : 석공사, 하자, 석재   Keywords : Stone work, Maintain, Stone

1. 서 론

1.1 연구 목적

건축물이 대형화, 고층화, 고급화 되면서 석재 사용이 늘고 있다. 또한 석재를 대체하는 자재가 개발되고 있다. 본 연구는 석공사 하자를 연구하고 품질관리를 함으로써 석공사업역을 확고히 유지하며 대체되는 여러 자재로 부터 보호코자 한다.

1.2 연구의 범위와 방법

본 연구는 국내 굴지의 건설사에서 2007년부터 2009년 6월7일 까지 석공사 하자사항을 조사한 것을 자료로 삼았으며 이를 바탕으로 분석하였다.

2. 본론
2.1. 유형별 석공사 하자 사례

<표1>은 석공사 하자 사례와 하자 유형 및 방지대책과 조치사항에 대해 정리하였다.

<표1> 석공사 하자 사례

---

* 신안산대학교 건축과 교수, 건축학박사, 명예철학박사

육실 석재 변색	재료	▶ 육실 이상재 변색으로 인하여 미관 불량 <육실 석재 변색>	▶ 사용부위에 따른 재료 선정 후 유의하여 선택 <육실 석재 변색>
플랜트 박스 석재 탈락	시공	▶ 식재 무작업 장소, 본드 및 충진재 제품 불량, 탕 생성 외부 충격 발생으로 고정불량 ▶ OPEN TIME 경과 추정 <조경 플랜트 박스 석재 탈락>	▶ 안전펜스 설치 등 시공관리 철저 ▶ 시멘트몰탈 재료의 OPEN TIME 준수 <식재 부착시 시멘트 몰탈 사용으로 쉽게 탈락됨>
외부 노출 석재자체 백화현상 발생	자재	▶ 계단석재로 사용된 우천식 자재의 식재내부 시멘트 몰탈 내의 염분 및 기타성분이 반응하여 식재면부에 과다한 백화현상 발생됨	▶ 현재 시장에서 보수는 어려우며 백화현상이 과다한 식재는 일부 교체 실시하고 잔여부위는 산성 세척실시 ▶ 외부로 노출되는 식재의 경우 우천 시멘트 몰탈 재료중 오염이나 염분 함량 등에 대한 품질 확인필요 ▶ 본 식재는 자기 부분적인 세척시공을 잠시 시행하였으나 대학자인분, 우체함은 균일하게만 설치되면 현상 반복되어 건물사 관리팀에 세척을 의뢰 일부 세척실시하고 있는 것으로 추정
1층 로비 대리석 얼룩 자국발생	자재	▶ 수입된 대리석 자재중 일부 수량의 품질 불량 등으로 인해 준공 후 수개월 후 표면 얼룩이 지속되는 현상 발생	▶ 수입대리석의 경우 대리석 자재의 특성에 대한 사전 검토 필요 ▶ 납품업체대리인 사전실험을 통해서 반입된 이유수량에 대한 검토 필요 ▶ 동일자재를 금회 부분적으로 교체 시공하였으나 색상및 문양 등이 기시공분과 다소 차이가 있어 건물관리측과 협의 후 추진시공
외부 화단 석재 균열 발생	설계	▶ 외부에 노출된 바닥식재의 만나는 벽체식재에 신축줄눈이 반영되지 않아 바닥석재의 미세한 기능으로 인해 벽체식재에 균열 발생됨	▶ 식재의 경질자재와 수직으로 만나는 부위는 반드시신축줄눈 설계 필요함 ▶ 신축줄눈 설치시 가능한 범주중 깊이 시공되어 바닥식재의 거동에 변화에 대비 ▶ 본 시공은 도면상에 신축줄눈을 반영하지 못한 시공시의 설계사항의 문제이므로 전체 보수비용 시공사에서 부담함

2.2 식공사 관련 하자발생 현황

2007년부터 2009년6월7일까지 약2년5개월간의 하자건수는 총 9,544건으로 이중 '파손, 탈락, 균열'은 5,543건으로 무려 58.08%를 차지하고 있으며, '이음부 불량, 들뜸'은 1,063건으로 11.14%, '이색, 변색, 오염'은 988건으로 10.35%, '찍힘, 긁힘'은 617건으로 6.46%를 차지해 이 4가지 유형이 전체 하자건수의 86.03%를 차지하고 있다.

'파손, 탈락, 균열'은 발생비율이 매년 줄고 있으나 여전히 하자의 주요 대상이 되고 있으며, '이음부 불량, 들뜸', '이색, 변색, 오염', '찍힘, 긁힘'도 하자의 큰 요소로 작용하고 있다.

한편 이들 요인의 하자유형을 본다면 '파손, 탈락, 균열'과 '이음부 불량, 들뜸'은 시공성으로 볼 수 있으며, '이색, 변색, 오염'은 자재의 물성과 시공상의 문제로 볼 수 있다. '찍힘, 긁힘'은 시공 후의 유지관리로 볼 수 있다. 기타 '줄눈 불량', '구배 불량', '미시공', '파손, 탈락' 등은 시공상의 문제로 볼 수 있겠고, '수직, 수평'은 자재상의 문제로 볼 수 있다. '비틀림, 변형'은 자재상의 문제와 시공상의 문제로 볼 수 있다.

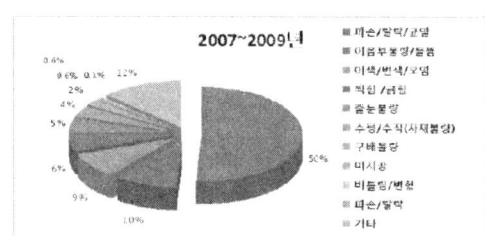

<그림1> 2년5개월 동안 하자 유형별 분포

<표5> 2년5개월 동안 발생건수

NO	유형별	발생건수	발생율
1	파손/탈락/균열	5,543	58.08 %
2	이음부불량/들뜸	1,063	11.14 %
3	이색/변색/오염	988	10.35 %
4	찍힘/긁힘	617	6.46 %
5	줄눈불량	522	5.47 %
6	수평/수직(자재불량)	447	4.68 %
7	구배불량	226	2.37 %
8	미시공	63	0.66 %
9	비틀림/변형	63	0.66 %
10	파손/탈락	13	0.13 %
11	기타	1,334	14.50 %
	총합계	9,544	100.00 %

3. 결론

국내 굴지의 특정 회사의 식공사 하자 사항을 자료로 하여 분석한 결과 시공상의 하자유형으로 '파손, 탈락, 균열'과 '이음부 불량, 들뜸', '줄눈 불량', '구배 불량', '미시공', '파손, 탈락' 등이 있으며 이들의 발생률은 2년5개월 동안 전체의 77.85%를 차지하고 있어 향후 시공의 정밀성을 요구하고 있다. '이색, 변색, 오염', '비틀림, 변형'은 자재의 물성과 시공상의 문제로 볼 수 있으며, 이들의 발생률은 11.01%를 차지하고 있다. '찍힘, 긁힘'은 시공 후의 유지관리로 볼 수 있는데 발생률은 6.46% '수직, 수평'은 자재상의 문제로 볼 수 있으며 발생률은 4.68%로 나타난다. 특히 '파손, 탈락, 균열'은 무려 50%를 넘어 60%에 육박하는 하자사항으로 안전사고에도 큰 영향을 줌으로 지속적인 품질관리가 요구된다. 식재를 대체하는 자재 개발과 식재의 단점인 '중량, 고가'라는 점을 고려할 때 정밀시공, 품질관리, 품질 좋은 자재, 시공 후 유지관리를 체계적으로 수행할 필요가 있다.

참고문헌

1. 민병태, 석공사 실무 기초, 석재신문사, 2007. 6.
2. 최준오 외, 최신 건축시공학, 기문당, 2006.9
3. 최준오,임병훈, 건축재료학, 도서출판 서우, 2002.2
4. 최준오, 식공지 2008년 7월호

석공사 표준시방서, 2013

08000석공사

08010 석공사 일반

1. 일반사항

1.1 적용범위

가. 이 시방서는 화성암(화강암, 안산암), 변성암(대리석, 사문암), 수성암(점판암, 사암) 및 테라조, 인조대리석을 내·외부 바닥, 내·외부 벽체, 내·외부 계단, 조형물, 기념물 등에 습식공법으로 설치하거나 연결철물을 사용하여 벽체(경량벽체 포함) 등 건식공법으로 설치하는 공사·석재 쌓기공사, 석축공사에 적용한다.

나. 동절기의 습식시공은 5℃ 이상 건식시공은 -10℃ 이상에서 실시하는 것을 원칙으로 하며, 이외의 경우에는 동절기 시공계획서(winterization plan)를 작성하여 담당원의 승인을 득한 후 실시한다.

1.2 제출 및 승인

가. 공사계약문서 및 이 시방서의 일반사항에서 정한 바에 따라 다음 사항을 제출하여 담당원의 승인을 받도록 한다.

1) 제품 관련자료 : 각 종류별 석재, 보강철물 및 기타 소요자재와 관련된 제품설명서, 카탈로

그, 기술자료, 시공지침서 포함
  2) 시공도 : 제작도 및 절단, 부분가공, 마감 상세를 포함한 설계도면
  3) 견본 : 각 종류별 석재는 KS F 2530에 규정된 것과 동등 이상의 석재 견본품 및 설계도면에 의한 보강철물, 실링재 및 기타 소요자재 포함.
  4) 기타 : 계약조건 및 이 시방서의 일반사항에서 정한 경우 또는 별도로 지정한 바에 따라 성분(물리) 시험 분석보고서, 및 품질보증서 제출.

  나. 제출사항의 규격, 형식, 시기 및 절차는 일반사항에서 정한 바에 따르고, 담당원의 승인을 받은 설계도면, 견본품 및 관련 자료 등은 지정된 기간 동안 정해진 관리기준에 따르도록 유지·관리하여야 한다.

1.3 공정표 및 시공계획서

공사 착수 전에 공정표 및 시공계획서를 공사 착공과 동시에 환경관리계획서를 작성하여 담당원의 승인을 받는다.

1.4 시공도

이 시방서에 규정하는 석공사는 공사착수 전에 석재 나누기도 및 시공 상세도를 작성하여 담당원의 승인을 받는다.

1.5 참조 표준

이 시방서에서 인용된 표준은 이 시방서의 일부를 구성한다. 년도 표시가 있는 경우에는 해당 년도의 표준을 적용하며, 년도 표시가 없는 경우에는 가장 최근 표준을 적용한다.

국토교통부 고시 건축구조기준
KS B 0802 금속 재료 인장 시험 방법
KS D 1652 철 및 강의 스파크 방전원자 방출분광 분석방법

KS F 2518 석재의 흡수율 및 비중시험 방법
KS F 2519 석재의 압축강도 시험 방법
KS F 2530 석재
KS L 5201 포틀랜드 시멘트
KS L 5204 백색 포틀랜드 시멘트

1.6 용어의 정의

이 시방서에서 사용하는 용어에 대하여 다음과 같이 정의한다.

KS : 한국산업표준
가공석 : 암석을 인공적으로 처리하여 만들어낸 석재
갱쏘(gang-saw) : 일정한 크기의 석재 판재를 대량으로 생산할 수 있는 기계
꺾쇠 : 양쪽 끝을 구부려 "ㄷ"자 모양으로 만든 철물.
근각볼트 : 머리에 홈이 없는 트러스 머리 형태의 볼트로 머리 밑에 사각형 부분이 있는 볼트
끝고임 석재 : 석축의 뿌리 끝쪽에 고이는 석재
날매 : 석재 수(手)가공 시 사용하는 석재용 공구
눈(目)숫자 : 도드락다듬 공구 35mm×35mm 면의 뿔숫자
하드보드지 : 딱딱하고 두꺼운 종이
데파볼트 : 건식 시공 시 앵커를 설치하기 위하여 구조체에 주입하는 STS 304 볼트
발수제 : 대상 재료의 내부구조에 변화를 주지 않고, 표면에 발수성 피막을 만들어 물의 침투를 막는 재료로 표면에 물이 접촉하였을 경우에 접촉각을 크게 하여 물방울 상태로 고체 표면과 분리되게 하는 화학제품
세트앵커 : 데파볼트+캡+와셔+너트를 조립한 상태
손갈기 : 사람이 기계를 조작하여 공정마다 물갈기 공구를 교체하며 광내기하는 것
수가공 : 석재용 공구를 이용하여 인공적으로 가공하는 것
심페드 : 석재의 중량에 의하여 하부로 밀려나지 않도록 구조체와 앵글 사이에 끼우는 끼움판
할석기 : 원석을 판석 등으로 가공하는 기계
혹두기 : 석재를 뫼 쪽으로 쪼개서 혹이 형성된 모양 그대로의 석재

1.7 환경관리 및 친환경시공

1.7.1 일반사항
가. 환경에 관한 법규를 준수하고 건축물의 전과정(생애주기) 관점에서 석공사 단계에서 의도하는 환경관리 및 친환경시공의 목표가 달성되도록 재료 및 시공의 사양을 정한다.
나. 이 절은 석공사에 있어서 환경관리 및 친환경시공을 실시하는 경우에 적용하며, 이 절에서 기술된 이외의 사항은 이 시방서 01045(환경관리 및 친환경시공)에 따른다.

1.7.2 재료 선정
가. 환경마크, 탄소마크, 환경성적표지 등 공인된 친환경 재료를 우선 사용한다.
나. 석공사 재료는 전과정에 걸쳐 에너지 소비와 이산화탄소배출량이 적은 것을 우선적으로 선정한다.
다. 석공사 재료는 현장 인근에서 생산되어 운송과 관련한 환경영향이 적은 것의 우선 선정을 고려한다.
라. 석공사 재료는 재사용·재활용이 용이한 제품을 우선적으로 사용할 수 있도록 고려한다.
마. 석공사 재료는 순환자원의 사용을 적극적으로 고려한다.
바. 적절한 구매계획을 수립하여 잉여 자재가 발생하지 않도록 하고, 폐기물 발생을 최소화할 수 있는 석공사 재료를 우선적으로 사용한다.

1.7.3 공장 선정
가. 석재 공장은 환경을 배려한 제조가 가능한 공장으로 한다.
나. 석재 공장은 공사현장에서 가까운 공장을 우선 고려한다.

1.7.4 시공 방법 및 장비 선정
가. 녹색기술인증, 친환경 신기술 등 공인된 친환경 공법의 사용을 고려한다.
나. 천연자원 보전에 도움이 되는 공법, 폐기물 배출을 최소화하는 공법을 사용한다.
다. 공사용 장비 및 각종 기계·기구는 에너지 효율 등급이 높고, 배출 등에 의한 환경영향이 적은 것을 우선적으로 사용한다.
라. 공사용 용수는 사용량을 측정하여 환경관리계획에 포함될 수 있도록 하고, 공사의 품질에

영향을 미치지 않는 범위 내에서 우수 및 중수를 적극적으로 활용한다.

　마. 공사에 따르는 소음, 진동 등의 억제에 도움이 되는 건설장비, 기계·기구를 우선적으로 이용하고 작업 장소 또는 작업시간을 충분히 고려하여 공사현장의 주변지역 환경 및 작업환경 보전에 노력한다.

　바. 공사장에서 발생하는 폐기물, 분진, 오수 및 폐수 등이 공사장과 공사장 인근의 대기, 토양 및 수질을 오염시키지 않도록 적절히 계획하고 조치하여야 한다.

　사. 폐기물 발생을 최소화할 수 있는 공법을 우선적으로 사용하고, 부득이하게 발생한 폐기물 및 이용할 수 없게 된 재료의 재자원화를 고려한다.

　아. 반출, 폐기 및 소각되는 경우에는 이에 따른 처분 및 운송에 의한 환경영향을 최소화할 수 있도록 고려한다.

2. 자 재

2.1 석 재

　가. 석재는 KS F 2530 성능검정품을 사용하며, 그 외의 것을 사용할 때는 담당원의 승인을 받는다. 수입 석재의 경우는 공사시방서에서 정한 원산지 등급기준에 합격한 것이어야 한다.

　나. 석재의 시공 부분, 종류, 석질, 형상, 색상, 마감방법 및 규격, 기타 필요사항은 도면 또는 공사시방서에 따른다.

　다. 석재는 도면 또는 공사시방서에 따라 견본품을 제출하여 담당원의 승인을 받는다. 공사시방서에 정한 바가 없을 때에는 견본품의 규격은 300mm 각 이상으로 하고 동일석재의 견본품을 2매 이상 제출하여 색상, 흐름, 띠, 철분, 풍화 및 산화 등을 판별할 수 있도록 한다.

　라. 시험이 필요한 것은 공사시방서에 정한다. 시험편의 치수에 대해 압축강도 시험용은 50mm 입방체로 KS F 2519에 따르고, 흡수량 시험용은 50~80mm 입방체로 하고, 시험방법은 KS F 2518에 따른다.

　마. 구조체에 사용하는 화성암(화강암, 안산암), 변성암(대리석, 사문암), 수성암(점판암, 사암) 등의 흡수율, 비중, 압축강도, 파괴율은 표 08010.1을 표준으로 하되 일부 미달한 경우 담당원의 승인을 받은 것은 예외로 한다.

표 08010.1 암석의 물성 기준

암 석	구 분	흡수율 (최대 %)	비중 (최대 %)	압축강도 (N/mm²)	철분 함량 (%)
화성암(화강암, 안산암)		0.5	2.6	130	4
변성암 (대리석, 사문암)	방해석	0.8	2.65	60	2
	백운석	0.8	2.9		
	사문석	0.8	2.7		
수성암 (점판암, 사암)	저밀도	13	1.8	20	5
	중밀도	8	2.2	30	5
	고밀도	4	2.6	60	4
	보통	21	2.3	20	5
	규질	4	2.5	80	4
	규암	2	2.6	120	4

바. 석재는 균열, 파손, 얼룩, 띠, 철분, 풍화, 산화 등의 결함이 없고, 특히 철분의 함유량이 적어야 하며, 가공마무리한 규격이 정확하여야 하며, 현장에 반입된 모든 석재의 수량, 품질 등에 대하여 담당원의 검사를 받는다.

사. 석재의 등급은 표 08010.1의 기준에 의하여 1등급에서 3등급으로 구분한다.

1등급 : 흐름(구름무늬, 얼룩), 점(흰점, 검은점), 띠(흰줄, 검은줄), 철분(녹물), 끊어지는 줄(균열, 짬), 산화, 풍화 등이 조금도 없는 석재.

2등급 : 1등급의 기준에 결점이 심하지 않은 석재

3등급 : 시공의 실용상 지장이 없는 것.

아. 석재 뒷면에 발수제 등을 도포하지 않으며, G.P.C공법은 방수처리를 할 수 있다.

자. 두께 허용오차

허용오차는 시공도에 따른다. 시공도에 없을 때에는 표 08010.2의 수치를 초과하지 않도록 한다.

표 08010.2 두께 허용오차

두 께 (mm)	허용오차 (±mm)	허용 수량
T10	1	1개 단위재로서 전체 시공수량의 10% 이내의 수량
T20	1.5	1개 단위재로서 전체 시공수량의 10% 이내의 수량
T30 이상	2	1개 단위재로서 전체 시공수량의 5% 이내의 수량

2.2 철 물

가. 연결 및 보강철물은 석재의 크기 및 중량, 시공 개소에 따라 충분한 강도와 내구성을 보장할 수 있도록 국토교통부 고시 건축구조기준에 준한 구조계산서에 따르고 석재 1개에 대하여 최소 2개 이상을 사용한다.

나. 연결철물 중 앵커, 볼트, 너트, 와셔 등은 KS B 0802 및 KS D 1652에 의한 표 08010.3 스테인리스강(STS 304) 화학성분 기준 이상을 사용하되, 보강철물의 종류·재질·형상 및 규격은 도면 또는 공사시방서에 따른다.

표 08010.3 스테인리스강(STS 304) 화학성분 기준

종 류	C (탄소)	Si (규소)	Mn (망간)	P (인)	S (황)	Cr (크롬)	Ni (니켈)
KS 표준치	≥0.08	≥1.00	≥2.00	≥0.045	0.030	18~20	8~10.50

다. 스테인리스강 STS 304는 다음 항목의 기준 이상 제품을 사용한다.
1) 인체에 무해하고 환경호르몬(다이옥신)이 없는 제품.
2) 일반 공기 부식이나 수중에서의 내식성이 우수하여야 한다.
3) 우수한 내식성, 내열성, 저온인성을 가지며 성형가공 및 용접성이 양호하며 열에 경화되지 않으며 자성은 없어야 한다.
4) 내식성의 재질로 부식 또는 녹이 나지 않는 제품.
5) 처짐현상이 없으며 충격에 강하고 내구성 및 내약품성이 탁월하며 변색되지 않는 제품.

라. 도면 및 공사시방서에서 철물의 규격에 대해 따로 정한 바가 없을 때에는 석재 쌓기 공사의

경우는 표 8010.4를 표준으로 하고 방청처리한다.

표 08010.4 철물 규격 (최소규격, 단위 : mm)

봉강(棒鋼)	
촉	꺾쇠
ϕ9 또는 D10	ϕ9 또는 D10
길이 100	적용길이 150

마. 도면 및 공사시방서에 정한 바가 없을 때에 습식공법 공사의 경우는 표 08010.5를 표준으로 한다.

표 08010.5 습식공법용 철물 (최소규격, 단위 : mm)

철물두께	스테인리스 제품			황동 제품		
	연결철물	촉	꺾쇠	연결철물	촉	꺾쇠
40 미만	직경 3.2	직경 3.2 / 길이 40	직경 3.2	직경 3.5	직경 3.5 / 길이 40	직경 3.5
40 이상	직경 4.0	직경 4.0 / 길이 50	직경 4.0	직경 4.2	직경 4.2 / 길이 50	직경 4.2

(주) 1. 황동제 철물은 외부 및 물에 접하는 곳에는 사용하지 않는다.

바. 욕실 및 화장실 등의 격판(隔板) 설치에 사용하는 꺾쇠는 스테인리스제로 하고 직경 6mm, 적용 길이 60mm로 한다.

사. 기타 철물의 재질, 형상 및 부착방법 등에 대해서는 종류당 2개 이상의 견본품을 제출하여 담당원의 승인을 받는다.

2.3 모르타르

가. 시멘트는 KS L 5201, KS L 5204의 규정에 따르고 모래는 경질이고 깨끗하며, 먼지, 흙,

유기물 및 기타 유해물이 혼입되지 않은 것으로 사용하며 해사는 사용하지 않는다. 다만, 물로 세척하여 품질기준 및 체가름 기준이 충족된 해사는 사용할 수 있다. 이 경우 조개껍질 등의 이물질이 섞이지 않아야 한다.

　나. 모르타르 배합(용적비) 및 줄눈의 너비는 공사시방서에서 따로 정한 바가 없을 때에는 표 08010.6에 따른다.

표 08010.6 모르타르 배합(용적비) 및 줄눈 너비

재료 용도	시멘트	모래	줄눈 너비
통 돌	1	3	실내, 외벽, 벽·바닥은 3~10mm
바닥모르타르용	1	3	실내, 외부, 바닥 벽 3~6mm
사춤모르타르용	1	3	가공석의 경우 실내외 3~10mm
치장모르타르용	1	0.5	거친 석재일 경우 3~25mm
붙임용 페이스트	1	0	

　다. 혼화재료나 조합된 모르타르를 사용하는 경우에는 공사시방서에 따른다.

2.4 실링재

　가. 실리콘 실란트를 사용하는 경우 공사시방서에 따른다.
　나. 실리콘 실란트는 비오염성으로 오염된 산성비, 눈, 및 오존 등에 반영구적 내후성을 발휘하며 석재를 오염시키지 않는 부정형 1성분형(습기 경화형) 변성실리콘으로서 온도변화에 영향을 받지 않는 실리콘 실란트를 사용하여야 한다.
　다. 실링재 작업 전 줄눈 주위의 페인트, 시멘트, 먼지, 기름, 철분 등을 제거한다.
　라. 백업재는 폴리에틸렌과 같이 수분을 흡수하지 않는 재질을 사용한다.
　마. 백업재는 줄눈 폭보다 2~3mm 정도 큰 것을 사용한다.
　바. 실링재 줄눈 깊이는 6~10mm 정도가 되도록 충전한다.

3. 시 공

3.1 석재 가공 마무리의 종류 및 가공공정

가. 형상, 규격은 석재나누기도 및 시공상세도에 따라 정확하게 가공한다.

나. 마무리의 종류 및 가공공정은 표 08010.7~08010.9를 표준으로 하여 도면 또는 공사시방서에서 정한다.

다. 마무리 정도는 견본품을 제출하여 담당원의 승인을 받는다.

라. 석재의 마주치는 면 및 모서리 마감은 도면 및 공사시방서에서 따로 정한 바가 없을 때에는 너비 15mm 이상, 기타 보이지 않게 되는 부분은 30mm 이상 마무리한다.

표 08010.7 석재 수(手) 가공 마무리 종류 및 가공공정

가공공정 마무리 종류		혹두기		정다듬			도드락다듬			잔다듬			비 고
		큰혹	작은혹	거친정 15개	중간정 25개	고운정 70개	25눈	64눈	100눈	5~6 mm	3~4 mm	1.5~ 2 mm	
혹두기	큰혹	①											쇠망치로 따낸다.
	작은혹		①										쇠망치와 날메로 따낸다.
정다듬	거친정	①	②										정으로 2,3회 쪼아 낸다.
	중간정	①	②	③									
	고운정	①	②	③	④								
도드락다듬	거친다듬	①	②	③	④	⑤							도드락망치로 타격한다.
	중간다듬	①	②	③	④	⑤	⑥						
	고운다듬	①	②	③	④	⑤	⑥	⑦					
잔다듬	거친다듬	①	②	③*	④	⑤	⑥*	⑦*	⑧				일자형 잔다듬 망치로 타격한다.
	중간다듬	①	②	③	④	⑤	⑥	⑦	⑧	→	⑨		

고운다듬	①	②	*③	④	⑤	*⑥	⑦	*⑧	+⑨	⑩

(주) 1) ○ 내의 숫자는 가공순위를 표시한다.
    2) 잔다듬 숫자는 잔다듬 망치의 날 간격임.
    3) *표 공정은 생략하거나 +표의 공정으로 바꿀 때는 공사시방서에 따른다.
    4) 수(手) 가공에 한정한다.
    5) 석재의 두께는 80mm 이상으로 한다.
    6) 정다듬 숫자는 100×100정 자국으로 표시한다.
    7) 도드락다듬 눈(目) 숫자는 35×35면의 뿔 안의 숫자를 표시한다.

표 08010.8 석재 물갈기 마감 공정

마감 종류	수동 물갈기	자동 물갈기
거친갈기	메탈#60(Matal Polishing Disc)	마석#3
물갈기	레진#1,500(Resin Polishing Disc)	마석#14
본갈기	레진#3,000(Resin Polishing Disc)	마석#15
정갈기	광판(광내기)	P.P(파우더)

  마. 몰딩 및 조각 등은 원석을 시공도에 의하여 할석한 후 정확히 가공한다.
  바. 연결철물, 핀, 꺾쇠 등의 구멍 및 모서리 부분은 설치 전에 가공하며, 정밀도 확보를 위하여 공장 가공하는 것을 원칙으로 한다.
  사. 손(手)갈기 마무리일 때에는 표 08010.8의 거친갈기, 물갈기, 본갈기 공정으로 마감한다.
  아. 기계 가공 시 원석을 할석한 후 표 08010.9를 표준으로 하여 가공한다.

표 08010.9 석재 기계 가공 마무리 종류 및 가공공정

마감종류	가공공정	정다듬 버너	정다듬 3날정	도드락다듬 9눈	도드락다듬 25눈	도드락다듬 49눈	잔다듬 1.5~2mm	비 고
정다듬	면 고르기	①						버너로 표면을 벗겨낸다.
	1회		②					3날 정으로 타격
도드락	거친다듬	①		②				NB 10 도드락 망치로 타

다듬	중간다듬	①		②	③			격한다.
	고은다듬	①		②	③	④		
잔다듬	1회	①		②	③	④	⑤	일자형 잔다듬 날로 타격한다.

(주) 1) ○ 내의 숫자는 가공순위를 표시함.
    2) 원석을 할석, 버너한 후 가공한다.
    3) 석재의 두께는 60mm 이상으로 한다.
    4) 잔다듬 숫자는 잔다듬 망치의 날 간격임.

자. 바닥 깔기 공사는 된비빔 모르타르를 30mm 이상 깔고, 페이스트 반죽을 3mm 이상 두께로 깔고, 3mm~5mm 이상 된비빔 모르타르에 주입된 후 고무망치를 이용하여 타격하여 설치한다.

차. 단위석재 간의 단차는 0.5mm 이내, 표면의 평활도는 10m당 5mm 이내가 되도록 설치한다.

카. 줄눈의 깊이는 석재 두께 50mm까지 10mm 이상, 석재 두께 50mm 이상의 경우는 15mm 이상 충진한다.

타. 시공 허용오차

허용오차는 도면 및 공사시방서에 따른다. 도면 및 공사시방서에 없을 때에는 표 08010.10의 수치를 초과하지 않도록 한다.

표 08010.10 시공허용오차

범위	높이(mm)	허용오차(mm)	비고
수직면	3,000 이내	0	
	10,000 이내	2	
	15,000 이내	3	
	20,000 이내	4	
	30,000 이내	6	
수평면	10,000 이내	0	
	15,000 이내	2	
	20,000 이내	3	

	30,000 이내	4	
90° 각	10,000 이내	0	
	15,000 이내	2	
	20,000 이내	3	
	30,000 이내	4	

3.2 버너마감

3.2.1 견본 결정

석재의 종류, 색상, 결, 무늬, 가공형상 등은 마감 정도에 따라 결정한다.

3.2.2 가공요령

원석을 갱쏘(gang-saw) 또는 할석기(diamond blade saw)로 할석하여 표면을 버너 가공한 후 시공도에 의한 크기를 절단한다.

3.2.3 면의 홈집

끊어지는 줄(균열, 짬), 철분(녹물), 산화, 풍화 등의 홈집이 없는 석재를 사용한다.

3.2.4 버너 사용 요령

버너 표면 마감요령은 액체산소(O_2)와 액화석유가스(LPG)에 의해 화염온도 약 1,800℃ ~ 2,500℃ 불꽃으로 석재판과의 간격을 30mm~40mm 되도록 하여 좌우 또는 전진과 후진하여 표면을 1회 벗겨내도록 하되 중복하여 전진과 후진하여 벗겨내지 않는다.(수(手)작업 시 좌우, 전진 후진을 병행하지 않는다.)

3.2.5 버너가공 후 처리

석재 표면에 열을 가하여 가공한 후 물 뿌리기를 하지 않는다.

3.2.6 앵커구멍 뚫기

앵커구멍 뚫기는 석재 두께면과 같은 실 규격의 형판을 제작하여 석재 두께면 좌우 1/4 지점에 앵커 위치를 표시한 후 20mm의 깊이 및 각도를 일정하게 구멍을 뚫고 압축 공기를 불어넣어 구멍 안을 깨끗이 청소한다. 청소한 구멍은 먼지나 이물질이 들어가지 않도록 테이프 등으로 막아 둔다.

3.3 보 양

가. 외벽에 석재를 부착할 때는 비나 눈 등에 노출되지 않도록 덮개를 씌운다.

나. 동절기 공사의 경우 모르타르의 동해 또는 양생 불량의 우려가 있는 추운 날씨에는 작업을 중지하거나 타설 후 24시간 동안의 기온이 4℃ 이상 유지되도록 보온조치를 취한다.

다. 마감면에 오염의 우려가 있는 경우에는 폴리에틸렌 시트 등으로 보양한다. 파손의 우려가 있는 모서리 등의 부위에는 나무 및 스테인리스 판·하드보드지 두께 3mm 이상으로 석재 표면에 흔적을 남기지 않는 양면 접착 테이프를 사용하여 밀봉·부착하여 보양한다.

라. 바닥 깔기를 마친 후 모르타르가 양생되기 전에 보행을 금한다.

3.4 시 험

석재 및 앵커 등에 대한 시험을 실시하는 경우 KS F 2519, KS F 2518, KS B 0802 등에 따른다.

3.5 검 사

자재 및 석공사에 대한 검사는 시공계획서(08010.1.3)에 따라 실시하고, 담당원의 승인을 받는다.

08015 화강석 공사

1. 일반사항

가. 석재의 시공 개소, 석종, 석질, 형상 및 규격, 기타 필요한 사항은 도면 및 공사시방서 또는 08010.2.1(석공사 일반석재)에 따른다.
나. 석재의 재질, 색깔, 무늬 및 마무리의 종류를 미리 정하고 견본품을 제출하여 담당원의 승인을 받는다.
다. 마무리의 종류 및 가공공정은 표 08010.7~표 08010.9에 따르고, 기타 사항은 도면 또는 공사시방서에 따른다.

2. 자 재

가. 08010.2(석공사 일반 자재)에 따른다.

3. 시 공

3.1 습식공법

가. 석재 설치 전에 다음 항목에 대하여 확인하고, 미비한 것은 충분히 보수한다.
  1) 연결철물, 연결용 철근, 받침철물의 위치 및 수량은 시공도에 따르되 철물은 표 08010.4에 따른다.

2) 연결철물로 강연선을 사용하지 않는다.
3) 콘크리트 이어치기 부분, 익스팬션 조인트, 균열, 콜드 조인트, 허니콤 등이 있을 때에는 보수한다.
4) 철근조각, 나무조각, 담배꽁초, 톱밥 등을 제거 및 청소
5) 철근 및 철물의 방청처리한다.
6) 모르타르 재료 중 모래는 양질의 강모래를 사용하며, 해사는 사용치 않는다. 다만, 물로 세척하여 품질기준 및 체가름 기준이 충족된 해사는 사용할 수 있다. 이 경우 조개껍질 등의 이물질이 섞이지 않아야 한다.
7) 지지틀의 상태 및 강도를 확인한다.
8) 벽돌 및 블록 부분에 석재를 설치 시 미장 초벌을 바르고 양생된 후 석재를 설치한다.
9) 골조 및 조적, 블록 등에 물을 뿌린 후 석재를 설치한다.
10) 석재 설치 시 결착선 고정용 나무, 쐐기, 석재받침목 등은 나왕을 사용하지 않는다.

나. 구조체와 석재와의 뒤채움 간격은 40mm를 표준으로 한다.
다. 맨 하부의 석재는 마감 먹에 맞추어 수평과 수직이 되게 하고, 쐐기를 석재의 밑면과 구조체와의 사이에 끼우고 밑면에 된비빔 모르타르로 사춤한 후, 석재 상부에 연결철물이나 꺾쇠를 걸어 구체와 연결한다. 단, 모르타르를 채우되 하루에 여러 단을 설치하기 위해 마른 시멘트 가루를 주입하지 않는다.
라. 상부의 석재 설치는 하부 석재에 충격을 주지 않도록 하고, 하부의 석재와의 사이에 쐐기를 끼우고 연결철물, 촉, 꺾쇠를 사용하여 인접 석재와 턱이 지지 않게 고정시켜 모르타를 채운다.
마. 마주치는 면은 핀, 연결철물 및 꺾쇠를 사용해 붙여대고 모서리 및 구석은 꺾쇠로 고정한다.
바. 모르타르를 채우기 전에 모르타르가 흘러나오지 않도록 줄눈에 발포 플라스틱재 등으로 막는다.
사. 모르타르를 채울 때에는 모르타르의 압력으로 석재가 밀려나지 않도록 여러 번에 나누어 채운다.
아. 띠석(몰딩), 아치, 기타 통석으로 시공 시 석재면에 세트 앵커를 설치하여 구조체에 연결한다.
자. 모르타르 양생 정도를 보아 차례로 줄눈에 발포 플라스틱재 등을 제거하고, 줄눈파기를 한 후 석재 마감면의 오염된 개소를 즉시 청소한다.

차. 신축줄눈의 위치에는 발포 플라스틱재 등을 미리 끼워둔다.
카. 줄눈 모르타르를 사용할 때에는 속빔이 없도록 충분히 눌러 채우고 소정의 형상으로 일매지고 줄바르게 바른다. 줄눈 너비는 표 08010.6에 따른다.
타. 줄눈은 석재면을 물씻기 및 깨끗한 물걸레로 닦은 후에 하고, 줄눈용 모르타르로 평활하게 마무리한다.
파. 습식공법 설치 시는 줄눈에 실링재를 사용하지 않으며, 줄눈용 모르타르를 사용한다.
하. 석재의 뒷면을 가공하는 경우는 도면 및 공사시방서에 따른다.

3.2 보양 및 청소

가. 보양은 이 시방서 08010.3.3(석공사 일반 보양)에 따른다.
나. 설치완료 후 적절한 시기에 깨끗한 물과 나일론 솔을 사용하여 부착된 이물질이나 모르타르 등을 제거한다.
다. 오염을 방지할 필요가 있는 경우, 담당원의 지시에 따라 석재붙임이 끝난 켜마다 질긴 백지나 모조지 또는 하드보드지 두께 1.5mm 이상으로 풀칠하여 석재면에 보양한다.
라. 석재면에는 원칙적으로 산류를 사용하지 않는다. 부득이하게 사용할 경우에는 부근의 철물 및 타 공정의 자재를 잘 보양한 후에 사용하고, 석재면을 깨끗한 물로 씻어내서 산분이 남아 있지 않게 한다.
마. 실내에서 본갈기를 하는 경우에는 맑은 물 씻기 후 마른걸레로 청소한다. 바닥에 오염 방지와 광내기를 위하여 왁스를 사용하는 경우에는 먼지 등이 부착하여 오염이나 변색이 발생하지 않도록 왁스 선택에 주의한다.

08020 대리석 공사

1. 일반사항

가. 대리석의 시공 개소, 종류, 석질, 형상 및 규격은 도면 또는 08010.2.1(석공사 일반 석재)에 따른다.

나. 대리석의 종류, 색상, 무늬 및 마감의 종류를 미리 정하고 견본품을 제출하여 담당원의 승인을 받는다.

다. 물갈기 마감의 종류는 표 08010.8에 따르고, 기타 사항은 도면 또는 공사시방서에 따른다.

2. 자 재

가. 08010.2(석공사 일반 자재)에 따른다.

3. 시 공

3.1 습식시공

가. 대리석 설치 전에 다음 항목에 대하여 확인하고, 미비한 것은 충분히 보수한다.

1) 연결철물, 연결용 철근, 받침철물의 위치 및 수량은 도면에 따르되 철물은 표 08010.4 및

표 08010.5에 따른다.
  2) 연결철물로 강연선을 사용하지 않는다.
  3) 콘크리트 이어치기 부분, 익스팬션 조인트, 균열, 콜드 조인트 및 허니콤 등이 있을 시 보수한다.
  4) 철근조각, 나무조각, 담배꽁초 및 톱밥 등을 제거 및 청소한다.
  5) 철근·철물은 방청처리한다.
  6) 모르타르 재료 중 모래는 양질의 강모래를 사용하며, 해사는 사용치 않는다. 다만, 물로 세척하여 품질기준 및 체가름 기준이 충족된 해사는 사용할 수 있다. 이 경우 조개껍질 등의 이물질이 섞이지 않아야 한다.
  7) 지지틀의 상태 및 강도
  8) 벽돌 및 블록 부분에 대리석을 설치할 때 미장 초벌을 바르고 완전히 양생된 후 대리석을 설치한다.
  9) 골조 및 조적, 블록 등에 물을 뿌린 후 석재를 설치한다.
  10) 대리석 설치 시 결착선 고정용 나무, 쐐기, 대리석 받침목 등은 나왕을 사용하지 않는다.

나. 구조체와 마감 대리석 뒤채움의 간격은 40mm를 표준으로 한다.
다. 맨 밑켜의 대리석은 마감먹에 맞추어 수평 또는 수직이 되게 하고, 쐐기를 대리석의 밑면과 구조체와의 사이에 끼우고 밑면에 된비빔 모르타르를 채운 후 대리석의 상부에 연결철물이나 꺾쇠를 걸어 구조체와 연결한다.
라. 콘크리트 면에 걸레받이를 붙일 때에는 걸레받이 밑에 쐐기를 꽂아 위치가 바르게 가(假)설치하고, 대리석의 크기에 따라 대리석의 윗면 및 좌우면을 철물로 바탕에 연결한다.
마. 마주치는 면은 핀, 연결철물, 꺾쇠를 사용하여 붙여대고 모서리·구석은 꺾쇠로 고정한다.
바. 핀의 고정을 위해 석고 모르타르, 기타 접착제(에폭시 포함)를 사용할 때에는 담당원의 지시에 따른다.
사. 띠석(몰딩), 아치, 기타 통석으로 시공 시 대리석 면에 세트 앵커를 설치하여 구조체에 연결한다.
아. 내부벽체 줄눈에 실링재를 사용할 때에는 뒤채움 모르타르가 양생된 후 이 시방서 08010.2.4(석공사 일반 실링재)에 따르며, 바닥습식 깔기공사에는 실링재를 사용하지 않으며, 줄눈용 모르타르를 사용한다.
자. 대리석 뒷면을 가공·처리하는 경우에는 도면 및 공사시방서에 따른다.

차. 바닥깔기 방법 및 줄눈 깊이 등은 이 시방서 08010.3.3.1 "자"(석공사 일반 시공)~ 08010.3.1 "카"(석공사 일반 시공)에 따른다.

3.2 보양 및 청소

가. 보양은 이 시방서 08010.3.3(석공사 일반 보양)에 따른다.
나. 설치완료 후 즉시 깨끗한 물걸레와 마른걸레를 사용하여 부착된 이물질이나 모르타르 등을 제거한다.
다. 원칙적으로 산류는 사용하지 않는다.
라. 오염을 방지하기 위하여 대리석 붙임이 끝난 켜마다 질긴 백지나 모조지 또는 하드보드지 두께 1.5mm 이상으로 풀칠하여 대리석 면에 보양한다.

08025 테라조(terrazzo) 공사

1. 일반사항

가. 이 시방서에서 "테라조"라 함은 대리석, 화강암을 최대 15mm 이하의 크기로 부순 골재, 안료, 시멘트 등의 고착제와 함께 성형하고, 경화한 후 표면을 연마하여 광택을 내어 마무리한 것을 말한다.

나. 테라조 제조는 KS L 5201 또는 KS L 5204에 규정하는 물리적 특성과 동등하거나 이상의 시멘트를 사용한다.

다. 원료는 잘 혼합하여 진동과 압축을 실시하여 성형하며, 성형 후 약 60℃에서 12시간 이상 중기 양생한다.

라. 테라조의 시공개소 및 규격은 도면 및 공사시방서에 따른다.

마. 종석의 종류, 종석의 크기, 색깔, 양생 및 마감의 정도는 미리 견본품을 제출하여 담당원의 승인을 받는다.

바. 연결철물 접속부는 연결철물과 같은 재료로 하고, 테라조 안에 매설한다. 단, 보강철선이 없는 경우에는 핀·연결철물 등을 위한 구멍 등을 가공한다.

사. 휨강도는 $4N/mm^2$ 이상으로 한다.

2. 자 재

2.1 시멘트

가. KS L 5201 또는 KS L 5204 성능 검정품을 사용하며, 그 외의 것을 사용할 때는 담당원의 승인을 받는다.

3. 시 공

3.1 테라조 붙이기 공법

가. 내벽 부분 사춤공법 및 시공은 이 시방서 08020.3.1(대리석 공사 습식시공)에 따른다.
나. 내벽에 습식공법으로 붙이는 경우에는 이 시방서 08015.3.1(화강석 공사 습식공법)에 따른다.
다. 내벽에 건식공법으로 붙이는 경우는 이 시방서 08035(건식석재 공사)에 따른다.
라. 바닥 깔기 및 계단석 깔기에는 바탕에 물을 뿌린 후 된비빔 모르타르를 고르게 깔고, 그 위에 붙임용 페이스트를 3mm 이상 두께로 깔고, 3~5mm 이상 된비빔 모르타르에 주입된 후 고무망치로 타격하여 높이차가 없고 줄눈이 일매지게 설치하며, 석재의 단차 및 줄눈깊이는 이 시방서 08010.3.3.1 "차"(석공사 일반 시공), 08010.3.3.1 "카"(석공사 일반 시공)에 따른다.
마. 신축줄눈을 두는 경우에는, 발포 플라스틱재 등을 끼우고 실링재 또는 줄눈 모르타르로서 마무리한다.
바. 모르타르는 2m 높이 정도까지 설치하되 그 이상 설치 시에는 표 08010.5의 연결 철물을 사용한다.
사. 줄눈 모르타르 채움은 표 08010.6에 따른다.
아. 모르타르 재료 중 모래는 양질의 강모래를 사용하며 해사는 사용하지 않는다. 다만, 물로 세척하여 품질기준 및 체가름 기준이 충족된 해사는 사용할 수 있다. 이 경우 조개껍질 등의 이물질이 섞이지 않아야 한다.

3.2 보양 및 청소

가. 설치 후 2~3일간 통행을 금지시키며, 100kg 이상 중량의 물건은 7일 이후 통행시킨다.
나. 보양 및 청소는 이 시방서 08020.3.2(대리석공사 보양 및 청소)에 따른다.

08030 기타 통석 공사

1. 일반사항

가. 이 항에 규정된 공법은 석재 두께 60mm 이상을 표준으로 한다.
나. 석재의 시공개소·종류·석질·형상·색상 및 규격은 도면 또는 공사시방서에 따른다.
다. 연결철물·핀·꺾쇠의 재질 및 규격은 도면 또는 공사시방서에 따른다.
라. 모르타르
1) 모르타르용 재료는 이 시방서 08010.2.3(석공사 일반 모르타르)에 따른다.
2) 석재붙임용 모르타르의 배합은 표 08010.6에 따른다.

2. 자 재

가. 08010.2(석공사 일반 자재)에 따른다.

3. 시 공

3.1 붙이기 공법

가. 통석재를 구조체에 설치할 때 철물의 규격 및 사용수량은 석재의 규격·중량·외력·내구

성에 따르고 도면 또는 공사시방서에서 정한 바가 없을 때에는 담당원의 지시에 따른다.

　나. 상부 석재 설치 전에 하부 석재 위에 핀을 사전에 꽂아놓고, 통석재 뒷면에는 세트 앵커를 설치하여 앵글로 구조체에 고정시킨다.

　다. 석재설치는 이 시방서 08015, 3.1(화강석공사 습식공법)에 따른다.

　라. 바탕면을 청소하고 물 축이기를 한다. 필요에 따라 석재 밑에 가설쐐기 등으로 고이거나 된 모르타르를 깔고, 수평·수직으로 정확하게 붙여대고 소정의 고정철물 및 연결철물로 구조체 또는 바탕 철근에 견고하게 연결한다.

　마. 인접 석재 상호간에는 줄눈 두께의 쐐기를 끼우고, 핀 또는 꺾쇠로 고정하되 경사가 없고 턱이 지지 않고 줄눈이 일매지고 줄이 바르게 붙여댄다.

　바. 깔모르타르를 양생한 후 줄눈에 발포 플라스틱재 등을 끼우고, 석재의 크기에 따라 2~3회에 나누어 모르타르를 채워 넣는다.

　사. 줄눈에 끼운 발포 플라스틱재는 모르타르의 양생 정도를 보아 차례로 제거한다.

　아. 밑돌 위에 석재를 붙여댈 때에는 밑돌의 윗면에 나무쪽을 놓고 그 위에 석재를 가만히 내려놓은 다음, 줄눈 두께보다 조금 높게 굄을 끼우고 가설 나무쪽을 빼낸다. 석재 위에 나무쪽을 대고 망치로 두들겨 소정의 줄눈두께까지 안정시킨다.

　자. 연결철물의 설치는 도면 또는 이 시방서 08010.2.2(석공사 일반 철물)에 따른다.

　차. 아치, 처마 돌림띠, 보 모양 등의 붙여대기는 이 시방서 8035.3.1(건식석재공사 앵커 긴결공법)에 따른다.

　카. 줄눈너비는 도면 또는 표 08010.6에 따른다.

3.2 보양 및 청소

　가. 보양은 이 시방서 08010.3.3(석공사 일반 보양)에 따른다.

　나. 청소는 이 시방서 08040.3.4(석재쌓기공사 청소)에 따른다.

08035 건식 석재공사

1. 일반사항

가. 건식 석재공사는 석재의 하부는 지지용으로, 석재의 상부는 고정용으로 설치하되 상부 석재의 고정용 조정판에서 하부 석재와의 간격을 1mm로 유지하며, 촉구멍 깊이는 기준보다 3mm 이상 더 깊이 천공하여 상부 석재의 중량이 하부 석재로 전달되지 않도록 한다.
나. 화강석은 표 08010.1에 따른다.
다. 석재의 색상·석질·가공형상·마감 정도·물리적 성질 등이 동일한 것으로 한다.
라. 화강석 특유의 무늬를 제외한 눈에 띄는 반점 등을 제거하며, 이 시방서 08010.2.1 "사"(석공사 일반 석재)에 준하여 견본품을 제출하여 담당원의 승인을 받도록 한다.
마. 건식 석재 붙임공사에는 석재 두께 30mm 이상을 사용하며, 구조체에 고정하는 앵글은 석재의 중량에 의하여 하부로 밀려나지 않도록 심페드를 구조체와 앵글 사이에 끼우고 단단히 너트를 조인다.
바. 건식 석재 붙임공사에 사용되는 모든 구조재 또는 트러스 철물은 반드시 녹막이처리하고 강재의 선택은 시공도에 따른다.
사. 건식 석재붙임에 사용되는 앵커(앵글, 조정판), 근각볼트, 너트, 와셔, 핀, 데파볼트, 캡(슬리브) 등은 이 시방서 08010.2.2(석공사 일반 철물)에 준하여 사용한다.
아. 건식 석재 붙임공사에 사용되는 끼움판은 영구적인 재료로 고온에 변형되지 않고 화재시 인체에 해로운 유독가스가 발생하지 않는 것을 사용한다.
자. 건식 석재 붙임공사의 줄눈에는 석재를 오염시키지 않는 부정형 1성분형 변성실리콘을 사용하여 이 시방서 08010.2.4(석공사 일반 실링재)에 따른다.
차. 석재의 구조적인 안정을 위하여 고정하중·풍하중·지진하중·운반 설비 및 부속장치하중,

구조물에 의한 처짐 등의 변형과 앵커, 앵커볼트, 핀 및 부재결합에 대하여 국토교통부 고시 건축 구조기준에 준한 구조계산서를 책임기술자의 검토 및 확인 후 담당원에게 제출하여 승인받는다.
 카. 석재 내부의 마감면에서 결로가 생기는 경우가 많으므로 습기가 응집될 우려가 있는 부위의 줄눈에는 눈물구멍 또는 환기구를 설치하도록 한다.

2. 자 재

 가. 08010.2(석공사 일반 자재)에 따른다.

3. 시 공

3.1 앵커 긴결공법

 가. 먼저 시공 개소에 시공도에 의하여 구조체에 수평실을 쳐서 연결철물의 장착을 위한 세트 앵커용 구멍을 45mm 정도 천공하여 캡이 구조체보다 5mm 정도 깊게 삽입하여 외부의 충격에 대처한다.
 나. 연결철물은 석재의 상하 및 양단에 설치하여 하부의 것은 지지용으로, 상부의 것은 고정용으로 사용하며 연결철물용 앵커와 석재는 핀으로 고정시키며 접착용 에폭시는 사용하지 않는다.
 다. 도면 및 공사시방서에 앵커의 종류, 특성 등이 따로 정한 바가 없을 때에는 설치 시의 조정과 층간 변위를 고려하여 핀 앵커로 1차 연결철물(앵글)과 2차 연결철물(조정판)을 연결하는 구멍 치수를 변위 발생 방향으로 길게 천공된 것으로 간격을 조정한다.
 라. 판석재와 철재가 직접 접촉하는 부분에는 적절한 완충재(kerf sealant, setting tape 등)를 사용한다.
 마. 시공도에 따라 설치 방향대로 한 장씩 설치한 후 다음과 같은 항목에 대하여 확인한다.
  1) 상세 시공도면과 실제 설치된 규격
  2) 줄눈의 각도, 수평상태
  3) 하부 석재와 상부 석재의 공간 유지 확보 유무

4) 석재의 형상·모서리 상태·연결철물 주위의 상태 등
5) 설치 후 판재가 완전히 고정되었는지 여부
6) 이미 설치된 하부 석재가 상부를 시공함으로써 변형되었는지 여부 등

3.2 보양 및 청소

가. 마감면에 오염의 우려가 있는 경우에는 폴리에틸렌 시트 등으로 보양한다. 파손의 우려가 있는 모서리 등의 부위에는 나무 및 스테인리스 판·하드보드지 두께 3mm 이상으로 석재 표면에 흔적을 남기지 않는 테이프를 사용하여 보양한다.
나. 설치완료 후 즉시 깨끗한 물로 세척하되 염산류를 사용하지 않는다.

3.3 강제 트러스 지지공법

가. 이 공법은 구조체에 강제 트러스를 설치한 후 석재를 강제 트러스에 설치해 나가는 공법을 말한다.
나. 트러스 제작 및 석재의 부착, 줄눈시공, 검사 및 시험 등은 시공도 및 공사시방서에 따른다.
다. 강제 트러스와 구조체의 응력전달체계, 트러스와 트러스 사이에 설치될 창호의 하중에 의한 처짐 검토 등에 대한 국토교통부 고시 건축구조기준에 준한 구조계산서를 책임기술자의 검토 및 확인 후 담당원의 승인을 받도록 한다.
라. 실물 모형시험 등을 통하여 풍하중 등에 대한 안정성, 수밀성, 기밀성 등을 확인한다.
마. 타워크레인에 의한 양중은 스프레더 빔, 와이어 등을 이용하여 트러스 부재가 기울어지거나 과도한 응력이 걸리지 않도록 한다.

08040 석재 쌓기공사

1. 일반사항

가. 석재의 시공개소·종류·석질·형상·색상 및 규격은 시공도에 따른다.
나. 연결철물·핀·꺾쇠의 재질 및 규격은 시공도에 따른다.
다. 모르타르
1) 모르타르용 재료는 이 시방서 08010.2.3(석공사 일반 모르타르)에 따른다.
2) 모르타르의 배합은 표 08010.6에 따른다.

2. 자재

가. 08010.2(석공사 일반 자재)에 따른다.

3. 시공

3.1 쌓기공법

가. 벽체에 보강근을 사용하는 경우의 철근가공 및 조립은 이 시방서 05020(철근공사)에 따른다.

나. 바탕면은 청소한 후 마주치는 면은 물축이기를 하고, 규준틀에 따라 수평실을 치고 모서리 구석 등의 기준이 되는 위치에서부터 먹줄에 맞춰 정확히 설치한다.

다. 하단의 석재를 쌓을 시 먹매김에 맞추어, 소정의 연결철물로 고정하고 석재 밑에 나무쐐기 등의 굄을 가설한 후 전면에 모르타르를 깔아 설치하되, 수평·수직을 유지하면서 일매지게 설치한다.

라. 인접 석재와 경사, 고저가 없이 턱이 지지 않도록 하며 줄눈이 일매지고 줄 바르게 설치한다.

마. 나무쐐기는 모르타르가 굳은 다음 반드시 빼내고 그 자리는 모르타르로 매운다.

바. 밑켜의 촉구멍에 모르타르를 충전하고, 위켜의 밑면 촉구멍에 모르타르를 채워 설치한 핀을 밑켜의 촉구멍에 끼우면서 위켜를 설치한다. 위켜를 설치하면서 밑켜의 석재에 충격을 주지 않도록 한다.

사. 모르타르를 넣을 때에는 마주치는 면은 물 축이기를 하고 줄눈에 색깔이 물들 우려가 없는 깨끗한 헝겊 등을 끼워대고 모르타르를 매 켜마다 빈틈이 없게 채워 넣는다.

아. 철물은 모르타르로 완전히 덮이도록 하고, 피복두께는 20mm 이상으로 하며, 긴결공법에 대하여 담당원의 승인을 받는다.

자. 1일의 쌓기 높이는 1m 이내를 표준으로 하고, 밑켜의 줄눈 모르타르 양생 후에 위켜를 쌓는다.

차. 연질석재 쌓기에서는 마주치는 면은 물축이기에 주의하여 석재에 흡수되어 모르타르 양생에 지장이 없도록 한다.

카. 아치·처마돌림띠 등의 시공 시에는 돌출 부위 또는 취약 부위를 튼튼한 지지틀로 받치고 연결철물, 볼트 등을 충분히 사용하여 견고하게 설치한다.

타. 설치가 끝난 후 모르타르가 충분히 양생하기 전에 줄눈에 끼운 헝겊 등을 제거한다.

파. 쌓기 도중에 오염된 개소는 즉시 청소하여 변색을 방지한다.

하. 1일 쌓기 완료 후, 누출된 모르타르를 제거한다.

3.2 줄 눈

가. 흙손으로 모르타르를 줄눈 속에 충분히 다져넣어 속빔이 없도록 하고, 소정의 형상으로 일매지고 줄바르게 바른다. 줄눈 너비는 표 08010.6에 따른다.

나. 줄눈은 석재면의 물씻기를 한 후에 하고, 줄눈용 모르타르로 평활하게 마무리한다.

3.3 보 양

보양은 이 시방서 08010.3.3(석공사 일반 보양)에 따른다.

3.4 청 소

가. 설치완료 후 석재면에 맑은 물을 뿌리고 주걱·플라스틱 솔 등으로 부착된 모르타르·이물질 등을 제거한 후 보양재 등을 제거한다.

나. 석재 청소에는 원칙적으로 염산류를 사용하지 않는다. 부득이할 때에는 담당원의 지시를 받아 사용한 후 즉시 물씻기를 충분히 하여 산분이 남아 있지 않게 한다.

08045 석축공사

1. 일반사항

가. 석축 기초의 깊이는 시공지역의 동결심도보다 최소 700mm 이상으로 하며, 지반의 적합성에 대하여 담당원의 검사를 받는다.
나. 작업개시 전에 될 수 있는 한 많은 석재를 현장에 준비하여 마음대로 골라 쓸 수 있게 한다.
다. 옹벽용 석축의 규준틀은 석축 앞면과 뒤채움의 후면에 설치한다.
라. 재활용 석재는 완전히 청소한 후 사용한다.
마. 메쌓기의 경우에는 쌓는 석재의 접촉면의 마찰을 크게 하여 외력에 충분히 견디도록 앞면 접촉부·뒷고임돌 등을 잘 쌓고 앞면 줄눈이 어긋나게 쌓는다.
바. 찰쌓기는 모든 석재와 콘크리트가 잘 부착되도록 쌓고 또 콘크리트가 앞면 접촉부까지 채워지도록 다진다.
사. 찰쌓기의 신축이음·물구멍(일반적으로 3m²마다 1개씩) 등은 도면 또는 공사시방서에 따른다.
아. 앞면 줄눈 모르타르는 석재쌓기 작업이 끝난 후 한다.
자. 수중에서 석재쌓기 작업을 해서는 안 된다.
차. 석축공사의 전면 기울기는 메쌓기에서는 1 : 0.3, 찰쌓기에서는 1 : 0.2 이상을 표준으로 한다.
카. 되메우기 흙으로 유기질토, 나무조각, 콘크리트 덩어리, 벽돌 부스러기, 동결된 토사 등을 사용하여서는 안 된다.

2. 자 재

가. 08010.2(석공사 일반 자재)를 표준으로 하되 08010.2(석공사 일반 자재)의 기준에 미달한 경우 담당원의 승인을 받은 것은 예외로 한다.

3. 시 공

3.1 쌓기 일반

가. 규준틀에 수평으로 줄을 띄워 쌓는다.
나. 기초석재는 될 수 있는 한 큰 것으로 하고, 규준틀에 맞추어 석재를 다듬어서 인접한 석재에 밀착시킨다.
다. 모든 석축 부분을 거의 같은 높이로 쌓아 올린다.
라. 고임돌은 경질이고 채우기 좋은 것을 골라 사용한다.
마. 뒤채움 석재는 경질인 150mm 이하의 잡석을 주로 하고 잔석재로 그 사이의 틈을 채운다. 뒤채움 콘크리트의 배합은 공사시방서에 따르거나 담당원의 지시에 따라 쌓은 석재에 충격을 주지 않도록 잘 다진다.
바. 줄눈 모르타르는 담당원의 승인을 받아야 한다. 쌓기 모르타르는 앞면 접촉부 뒤쪽에 두어 콘크리트를 채우기 쉽게 한다.

3.2 메쌓기

메쌓기 쌓는 석재의 마주치는 면을 다듬어 잘 맞닿게 하고 뒷고임 석재로 고정시켜 그 빈틈을 잔석재로 채우고 넓고 큰 석재를 골라 끝고임 석재로 하고 다시 그 빈틈을 잔석재로 채운다.

3.3 찰쌓기

가. 찰쌓기는 뒷고임 석재로 고여 쌓는 석재를 고정시키고 각 수평층의 석재 쌓기를 마칠 때마

다 석재로 뒤채움한 후 콘크리트로 빈틈이 없도록 채운다.
　나. 뒤채움 석재는 콘크리트를 채우기 전에 물을 뿌려 적신다.
　다. 콘크리트를 채우고 6시간 이상 경과 후 다시 그 위에 콘크리트를 채울 때는 그 윗면에 모르타르를 얇게 깐 다음에 채운다.
　라. 윗면 콘크리트는 뒤채움 콘크리트와 동시에 시공한다.

08050 인조대리석 공사

1. 일반사항

가. 이 시방서에서 인조대리석은 대리석 또는 화강석을 분하여 수지계 및 백시멘트, 기타 혼합물로서 가공하여 다양한 색상과 문양의 제품을 광택이 나도록 마감한 것을 말한다.

나. 인조대리석은 내부 시공에 한하며, 외부 사용 시에는 탈색 및 기온에 의한 휨 현상으로 탈락할 수 있으므로 외부 사용 시에는 담당원의 승인을 받는다.

다. 인조대리석의 작업환경 온도는 5~30℃, 바탕면의 수분은 3~5% 정도가 적합하다.

라. 인조대리석은 직사광선 및 지나친 수분이 노출되는 곳에 보관하지 않는다.

마. 인조대리석의 재질 및 색상, 문양, 마감 등은 미리 정하고 견본품을 제출하여 담당원의 승인을 받는다.

바. 광내기(물갈기) 마감은 표 08010.8에 따르고, 기타 사항은 도면 또는 공사시방서에 따른다.

사. 인조대리석의 시공개소, 종류, 규격, 판의 형상, 기타 필요한 사항은 도면 또는 공사시방서에 따른다.

2. 자 재

가. 인조대리석은 KS에 적합한 것과 동등 이상의 품질을 사용하되, 수입인조대리석의 경우 시공도에 정한 원산지 등급기준에 합격한 것이어야 한다.

나. 천연석재와 유사한 강한 물성과 내구성, 내마모성이 우수하며, 충격에 강한 반영구적 제품

이어야 한다.

다. 인조대리석의 물리적 성질은 도면 또는 공사시방서에 따른다. 도면 또는 공사시방서에 없을 때에는 표 08050.1에 의한 수치 이상이어야 한다.

〈표 08050.1〉 물리적 성질

구 분	수지계 인조대리석	백시멘트계 인조대리석
비 중	2	2
휨강도(N/mm^2)	40	11
압축강도(N/mm^2)	150	120
흡수율(%)	0.1	1.2
마모율(mm^2)	170	110

3. 시 공

3.1 습식시공

3.1.1 바 닥

가. 사전준비
1) 인조대리석 시공 전 다음 항목들에 대하여 확인하고 미비한 것은 충분히 보수한다.
가) 콘크리트 이어치기 부분, 익스팬션 조인트, 허니컴 등이 있을 때 보수한다.
나) 철근 조각, 나무 조각, 담배꽁초, 톱밥 등 이물질을 제거 및 청소한 후 물을 뿌린다.
다) 철근, 철물 등이 노출되었을 때 방청처리한다.
라) 바닥 면에서 30mm 이상 모르타르를 깐 다음 붙임용 페이스트를 뿌리고 인조대리석을 놓은 후 고무망치로 타격하여 고정시킨다.
마) 모르타르 재료 중 모래는 양질의 강모래를 사용하며 해사는 사용하지 않는다.
　　다만, 물로 세척하여 품질기준 및 체가름 기준이 충족된 해사는 사용할 수 있다. 이 경우 조개껍질 등의 이물질이 섞이지 않아야 한다.

나. 줄눈
1) 줄눈에 실링제를 사용할 때는 08010.2.4"나"(석공사 일반 실링재)에 따르며, 습식시공할 때에는 실링제를 사용하지 않으며, 줄눈용 모르타르를 사용한다.
2) 백시멘트계 인조대리석은 즉시 줄눈작업이 가능하지만 수지계 인조대리석은 흡수율이 매우 낮기 때문에 채움 모르타르가 양생되고 남은 수분이 줄눈 사이로 빠져나갈 수 있도록 충분한 시간이 지난 후 줄눈작업을 한다.
3) 줄눈작업 전 줄눈 사이에 있는 모르타르, 이물질, 먼지 등을 완전히 제거하여야 한다. 제거하지 않을 경우 시간이 경과하면 줄눈 탈락 및 인조대리석이 탈색될 수 있다.
4) 줄눈작업 후 인조대리석에 묻은 줄눈 모르타르는 젖은 스펀지나 헝겊을 이용하여 즉시 제거해야 광택 저하 및 탈색을 방지할 수 있다.
5) 줄눈작업은 줄눈용 모르타르를 줄눈 속 깊이 충분히 밀어 넣은 후 줄눈 칼로 줄눈 부위를 누르면서 일정한 형상을 만든다.

다. 청소 및 보양
1) 보양은 이 시방서 08010.3.3(석공사 일반 보양)에 따른다.
2) 보양재는 인조대리석의 표면에 습기가 차지 않고 통풍이 잘 되는 것으로 한다.
3) 청소 시 철솔이나 거친 재료 또는 부식성이 있는 세제를 사용하여 청소하면 홈집, 탈색의 원인이 되므로 사용하여서는 안 된다.
4) 담뱃불로 인한 인조대리석 청소는 아세톤으로, 매직이나 사인펜으로 인한 낙서는 알코올·아세톤·중성세제를 이용하여 닦아낸 후 젖은 물걸레나 젖은 스펀지로 닦아내며, 산 종류를 사용하지 않는다.

3.1.2 벽

가. 사전준비
1) 인조대리석 시공 전 다음 항목들에 대하여 확인하고 미비한 것은 충분히 보수한다.
가) 콘크리트 이어치기 부분, 익스팬션 조인트, 허니컴 등이 있을 때 보수한다.
나) 조적 부분은 미장 초벌을 바른 후 인조대리석을 설치한다.

다) 철근, 철물 등이 노출되었을 때에는 방청처리한다.
라) 인조대리석 뒤채움 모르타르는 30mm를 표준으로 하며, 결착선 고정용 나무, 쐐기, 받침목 등은 나왕을 사용하지 않는다.
마) 하부 첫째 단의 인조대리석은 마감 먹에 맞추어 수평 또는 수직이 되게 하고, 쐐기를 석재의 밑면과 구조체와의 사이에 끼우고 밑면에 된비빔 모르타르를 채운 후에 인조대리석 상부에 동선이나 꺾쇠를 걸어 구조체와 연결한다.

나. 줄눈

1) 줄눈에 실링제를 사용할 때는 이 시방서 08010.2.4(석공사 일반 실링재)에 따르며, 습식시공할 때에는 실링제를 사용하지 않으며, 줄눈용 모르타르를 사용한다.
2) 백시멘트계 인조대리석은 즉시 줄눈작업이 가능하지만 수지계 인조대리석은 흡수율이 매우 낮기 때문에 채움 모르타르가 양생되고, 남은 수분이 줄눈 사이로 빠져나갈 수 있도록 충분한 시간이 지난 후 줄눈작업을 실시한다.
3) 줄눈작업 전 줄눈 사이에 있는 모르타르, 이물질, 먼지 등을 완전히 제거하여야 한다. 제거하지 않을 경우 시간이 경과하면 줄눈이 탈락하거나 인조대리석이 탈색될 수 있다.
4) 줄눈작업 후 인조대리석에 묻은 줄눈 모르타르는 젖은 스펀지나 헝겊을 이용하여 즉시 제거하여야 광택저하 및 탈색을 방지할 수 있다.
5) 줄눈작업은 줄눈용 모르타르를 줄눈 속 깊이 충분히 밀어 넣은 후 줄눈 칼로 줄눈 부위를 누르면서 일정한 형상을 만든다.

다. 청소 및 보양

1) 보양은 이 시방서 08010.3.3(석공사 일반 보양)에 따른다.
2) 보양재는 인조대리석의 표면에 습기가 차지 않고 통풍이 잘 되는 것으로 한다.
3) 청소 시 철솔이나 거친 재료 또는 부식성이 있는 세제를 사용하여 청소하면 홈집, 탈색의 원인이 되므로 사용해서는 안 된다.
4) 담뱃불로 인한 인조대리석의 청소는 아세톤으로, 매직이나 사인펜으로 인한 낙서는 알코올·아세톤·중성세제를 이용하여 닦아낸 후 젖은 물걸레나 젖은 스펀지로 닦아내며, 산 종류를 사용하지 않는다.

3.2 건식공법

3.2.1 벽

가. 사전준비
1) 건식용 인조대리석의 두께는 30mm 이상, 반건식은 두께 20mm 이상 사용하고, 핀 구멍의 깊이는 20mm를 천공한다.
2) 건식용 연결철물의 설치는 도면 또는 이 시방서 08010.2.2(석공사 일반 철물)에 따른다.
3) 줄눈은 시공도에 따로 정한 바가 없을 때에는 표 08010.6에 따른다.
4) 연결철물을 사용하기 전에 국토교통부 고시 건축구조기준에 준한 구조계산서를 책임기술자의 검토 및 확인 후 담당원에게 승인을 득한다.
5) 시공 허용오차는 시공도에 따로 정한 바가 없을 때에는 표 08010.10에 따른다.
6) 인조대리석 뒤채움 모르타르에 의거하여 결로가 발생할 수 있으므로 습기가 응집될 우려가 있는 부분의 줄눈에는 숨구멍 또는 환기구를 설치하도록 한다.
7) 콘크리트 이어치기 부분, 익스팬션 조인트, 균열, 콜드 조인트, 허니컴 등이 있을 때는 보수한다.

나. 줄눈
1) 줄눈은 시공도에 따로 정한 바가 없을 때에는 이 시방서 08010.2.4."나"(석공사 일반 실링재)에 따른다.
2) 시공도에 따로 정한 바가 없을 때에는 3mm 줄눈용 모르타르를 사용한다.

다. 보양 및 청소
1) 보양은 이 시방서 08010.3.3(석공사 일반 보양)에 따른다.
2) 직사광선 및 풍우 등에 노출되지 않도록 보호막으로 보호하여야 한다.
3) 시공 후 시공면이 양생될 때까지 통풍이 잘 되도록 한다.

3.3 본드 접착공법

3.3.1 벽

가. 인조대리석 접착제는 제조업체의 시방에 따라 주제와 경화제가 충분히 배합된 것으로 구조체에 3mm 정도 바르고 수직·수평을 맞추어 설치한다.

나. 설치할 구조체에 이물질이나 콘크리트 이어치기 부분, 익스팬션 조인트, 균열, 콜드조인트, 허니컴 등이 있을 때 보수한다.

다. 상하 좌우의 인조대리석 간에 턱이 없도록 수직과 수평을 맞추어야 한다.

3.3.2 줄 눈

이 시방서 08050.3.2.1 "나"(대리석공사 벽)에 따른다.

3.3.3 보양 및 청소

이 시방서 08050.3.1.1 "다"(대리석공사 보양 및 청소)에 따른다.

3.4 반건식공법(부분주입공법, 절충공법)

3.4.1 벽

가. 실내에 한한다.

나. 시공 높이 3.5m 이내에 한한다.

다. 동선($\phi 3$) 길이 40mm 핀을 좌, 우 1/4 지점 2개소에 반드시 상하부에 꽂아 고정한다.

라. 동선 부위는 에폭시 또는 백시멘트와 석고를 1 : 1로 혼합하여 감싸서 고정시킨다.

3.4.2 줄 눈

이 시방서 08050.3.2.1 "나"(대리석공사 벽)에 따른다.

3.4.3 보양 및 청소

이 시방서 08050.3.2.1 "다"(대리석공사 보양 및 청소)에 따른다.

3.5 기 타

가. 인조대리석의 시공허용오차는 표 08010.10에 따른다.

나. 모르타르 배합 및 줄눈 너비는 공사시방서에 따로 정한 바가 없을 때는 표 08010.6에 따른다.

08055 물다듬 무늬석 공사

1. 일반사항

가. 이 시방서에서 물다듬 무늬석 공사는 석재 표면을 고압수 발생장치를 이용하여 요철처리 공법에 의한 다양한 문양으로 물다듬 마감한 것을 말한다.

나. 물다듬 무늬간격은 5mm~10mm로 하고, 요철의 깊이는 0.2mm~5mm로 한다.

다. 물다듬 무늬석의 허용오차는 가로세로 1.5mm 이하 / 1,000mm, 두께의 허용오차는 시공도에 따른다. 시공도에 없을 때에는 표 08010.2의 수치를 초과하지 않도록 한다.

라. 물다듬 무늬석 공사는 시공개소, 종류, 규격, 판의 형상, 기타 필요한 사항은 도면 또는 공사시방서에 따른다.

2. 자 재

가. 08010.2(석공사 일반 자재)에 따른다.

3. 시 공

3.1 습식시공

3.1.1 바 닥

1) 바닥깔기는 이 시방서 08020.3.1(대리석공사 습식시공), 08025.3.1 "라"(테라조공사 테라조 붙이기공법) 08025.3.1 "마"(테라조공사 테라조 붙이기공법)에 따른다.

3.1.2 내·외벽 붙이기

1) 내·외벽에 습식공법으로 붙이는 경우에는 이 시방서 08015.3.1(화강석공사 습식공법)에 따른다.
2) 내·외벽에 건식공법으로 붙이는 경우에는 이 시방서 08035(건식석재공사)에 따른다.
3) 내벽에 부분사춤공법으로 붙이는 경우에는 이 시방서 08020.3.1(대리석공사 습식시공)에 따른다.

3.2 보양 및 청소

1) 보양은 이 시방서 08010.3.3(석공사 일반 보양)에 따르도록 하되, 모서리 부위 등의 보양에 특히 유의한다.
2) 설치완료 후 적절한 시기에 깨끗한 물과 나일론 솔을 사용하여 제품 표면의 요철 사이에 부착된 이물질이나 모르타르 등을 제거한다.
3) 산류는 사용하지 않는다.

08060 앤틱(antique) 대리석 공사

1. 일반사항

가. 이 시방서에서 앤틱 대리석 공사는 천연대리석을 독성이 없는 화학약품을 사용하여 침전기법으로 조각한 것을 말한다.
나. 천연대리석에 한한다.
다. 인체에 무해해야 한다.
라. 앤틱 공사는 내부 벽, 내부 바닥 및 부분 조각 등에 사용하며 외부 벽, 외부 바닥에 사용할 때에는 담당원의 승인을 받는다.

2. 자 재

가. 08010.2(석공사 일반 자재)에 따른다.

3. 시 공

3.1 습식시공

3.1.1 바 닥
1) 바닥깔기는 이 시방서 08020.3.1(대리석공사 습식시공), 08025.3.1 "라"(테라조공사 테라조 붙이기공법) 08025.3.1 "마"(테라조공사 테라조 붙이기공법)에 따른다.

3.1.2 내·외벽 붙이기
1) 내·외벽에 습식공법으로 붙이는 경우에는 이 시방서 08015.3.1(화강석공사 습식공법)에 따른다.
2) 내·외벽에 건식공법으로 붙이는 경우에는 이 시방서 08035(건식석재공사)에 따른다.
3) 내벽에 부분사춤공법으로 붙이는 경우에는 이 시방서 08020.3.1(대리석공사 습식시공)에 따른다.

3.2 보양 및 청소

1) 보양은 이 시방서 08010.3.3(석공사 일반 보양)에 따르도록 하되, 모서리 부위 등의 보양에 특히 유의한다.
2) 설치완료 후 적절한 시기에 깨끗한 물과 나일론 솔을 사용하여 제품 표면의 요철 사이에 부착된 이물질이나 모르타르 등을 제거한다.
3) 산류는 사용하지 않는다.

석재관련 한국산업규격

(KSF 2530-2000)

1. 적용범위

이 규격은 주로 토목, 건축에 사용하는 천연산 석재에 대하여 규정한다. 다만, 천연 슬레이트, 쇄석 궤도용 부석 및 도료용 쇄석은 제외한다.

2. 결점 및 등급

2-1. 결점에 관한 용어의 정의

구부러짐 — 석재의 표면 및 옆면의 구부러짐을 말한다.
균 열 — 석재의 표면 및 옆면의 금 터짐을 말한다.
얼 룩 — 석재 표면이 부분적으로 색조가 균일하지 않은 것을 말한다.
썩 음 — 석재 중에 쉽게 떨어져 나갈 정도의 이질(異質) 부분을 말한다.
빠진조각 — 석재의 겉모양 면의 모서리 부분이 작게 깨진 것을 말한다.
오 목 — 석재의 표면이 들어간 것을 말한다.
반 점 — 석재 표면에 부분적으로 생긴 반점 모양의 색 얼룩을 말한다.
구 멍 — 석재 표면 및 옆면에 나타난 구멍을 말한다.
물 듦 — 석재 표면에 다른 재료의 색깔이 붙은 것을 말한다.

2-2. 석재의 결점은 다음과 같다.

치수의 부정확, 구부러짐, 균열, 얼룩, 썩음, 빠진 조각, 오목
연석에서는 위에 기록한 것 외에 반점 및 구멍
치장용에서는 특히 색조 또는 조직의 불균일 및 물듦

2.3 석재의 품질은 산지 및 암석의 종류마다 각각 1등품, 2등품, 및 3등품으로 하며, 구분은 표 1과 같다.

〈표 1〉 등급

등급	기 준
1등급	(1) 2.2 에 표시한 결점이 조금도 없는 것. (2) 크기는 비슷비슷할 것.
2등급	2.2에 표시한 결점이 심하지 않은 것.
3등급	2-2에 표시한 결점이 실용상 지장이 없는 것.

3. 석재의 분류

3.1 석재는 다음 항목에 따라 분류한다.

a) 암석의 종류
b) 모 양
c) 물리적 성질

3.2 암석의 종류에 따른 분류

a) 화강암류

b) 안산암류

c) 사 암 류

d) 점판암류

e) 응회암류

f) 대리석류 및 사문암류

3.3 모양에 따른 분류

a) 각 석

b) 판 석

c) 견 치 석

d) 사 고 석

3.4 물리적 성질에 따른 분류 석재는 압축 강도에 따라 표 2와 같이 경석, 준경석 및 연석으로 구분한다.

〈표 2〉 압축 강도에 의한 구분

종 류	압축강도MPa(=N/mm²)	참 고 값	
		흡수율(%)	겉보기비중(g/cm³)
경 석	50 이상	5 미만	약 2.7 ~ 2.5
준경석	50 미만 ~ 10 이상	5 이상 ~ 15 미만	약 2.5 ~ 2
연 석	10 미만	15 이상	약 2 미만

4. 결점 치 등급

4.1 각석, 판석, 견치석 및 사고석은 각각 다음의 a)~d)의 규정에 적합하여야 한다.

a) 각 석 나비가 두께의 3배 미만이며, 일정한 길이를 가지고 있는 것.

b) 판 석 두께가 15cm미만이며, 나비가 두께의 3배 이상인 것.

c) 견 치 석 면이 원칙적으로 거의 사각형에 가까운 것으로, 길이는 4면을 쪼개어 면에 직각으로 잰 길이는 면의 최소변의 1.5배 이상일 것.

d) 사 고 석 면이 원칙적으로 거의 사각형에 가까운 것으로, 길이는 2면을 쪼개어 면에 직각으로 잰 길이는 면의 최소변의 1.2배 이상일 것.

비 고 판석은 가공의 정도에 따라 다음의 1)~4)와 같이 구분한다.

1) 정 다듬판 표면을 정으로 쪼아서 4둘레를 어느 정도 가공한 것.

2) 도드락 다듬판 표면을 5매 도드락 망치로 다듬은 후 1회 정도 잔다듬하고, 4둘레를 정으로 쪼아낸 것을 원칙으로 한다.

3) 잔다듬판 표면을 6매 도드락 망치로 다듬은 후 1회 정도 잔다듬하고, 4둘레를 정으로 쪼아낸 것을 원칙으로 한다.

4) 켜낸 돌 절단기로 자른 것.

4.2 각석의 치수는 다음 표3과 같다.

〈각석의 치수〉

종 류	두 께(')	나 비(')	길 이
120015	12	15	
150018	15	18	
150021	15	21	91,100,150
150024	15	24	
150030	15	30	
180030	18	30	

주1) 두께와 나비에서는 긴 쪽을 나비로 한다.

4.3 판석의 치수는 다음 표 4와 같다.

〈판석의 치수〉

나 비	두 께	길 이
30	8~12	30
40		40
40		
45		
50		90
55		
60	10~15	
65		

4.4 견치석의 치수는 다음 표 5와 같다.

〈견치석의 치수〉

명 칭	길이(cm)	표면적(cm²)
35각	35 이상	620 이상
45각	45 이상	900 이상
50각	50 이상	1220 이상
60각	60 이상	1600 이상

〈비고〉 표면 반대 부분의 단면적은 표면 면적의 1/16 이상이어야 한다.

4.5 사고석의 치수는 다음 표6과 같다.

〈사고석의 치수〉

종 류	길이(cm)	표면적(cm²)
30사고석	30 이상	620 이상
35사고석	35 이상	900 이상
40사고석	40 이상	1220 이상

4.6 치수 측정 방법 두께.나비.길이는 결점 부분을 제외한 최소 부분을 잰다.

5. 시험 방법

5-1. 겉보기 비중

시험체는 공시 석재의 대표적인 부분에서 3개를 자른다. 크기는 10×10×20cm의 직육면체(^{2})로 한다.
시험체의 가압면은 평편하게 마무리 한다.
이것을 105-110℃의 공기 건조기 내에 항량이 될 때까지 건조한다.
이것을 건져 데시케이터 안에 넣어 냉각시킨 후 무게 및 실부피를 측정한다.
겉보기 비중은 다음 식에 따라 산출하고, 시험체의 3개의 평균치로 나타낸다.

$$겉보기\ 비중 = 무게(g) / 실부피(cm^3)$$

* (주-20cm를 거의 수직방향으로 한다.)

5-2. 흡수율

겉보기 비중 측정시의 시험체 질량을 건조시의 질량으로 한다. 또한 그림 1에 나타내는 것과 같이 결을 수면과 평행으로 하며, 윗부분 1cm를 항상 수면 위에 나타나게 침수시킨 후, 20℃±3K로 습기가 많은 항온실 안에 놓는다.
48시간 경과한 후 꺼내어 재빨리 침수 부분의 물을 닦고 즉시 질량을 달아 흡수시의 질량으로 한다.
흡수율은 다음 식에 따라 산출하여 시험체 3개의 평균값으로 한다.

$$흡수율 = (흡수\ 후의\ 무게(g) + 건조된\ 시료의\ 무게(g)) / 건조된\ 시료의\ 무게(g) \times 100\ (단위:cm)$$

5-3 압축강도

압축 강도 흡수율을 측정한 후의 시험체를 사용하여 흡수시의 질량 측정 후 즉시 시험한다. 가압에도 중앙에 구접면을 가진 가압 장치를 사용하여, 원칙적으로 결과 수직으로 매 ㎠당 매초 98N의 속도로 가압한다. 압축 강도는 다음 식에 따라 산출하고, 시험체 3개의 평균값으로 표시한다.

$$압축강도(kgf/cm^2)(N/cm^2) = 최대하중(kgf)(N)/단면적(cm^2)$$

단면적을 산출할 때 각 변의 치수는 0.1mm까지 정확하게 측정한다.

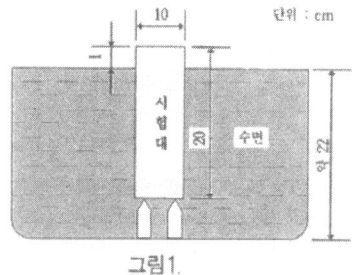

그림1.

6. 호 칭

석재의 호칭은 다음과 같다.
산지 또는 고유명치, 암석의 종류, 물리적 성질에 따른 종류, 모양에 따른 종류, 등급, 치수 (두께×나비×길이) 또는 치수구분의 종류

보기: ○○○. 화강암. 경석. 1등품. 10×50×91 다만, 호칭 방법에서 필요없는 부분은 빼도 좋다.

석재의 흡수율 및 비중 시험 방법

Testing method for absorption and bulk specific gravity of stone
(KSF 2518-2000)

1. 적용범위

이 규격은 천연산 슬레이트를 제외한 모든 천연산 석재의 흡수율 및 비중시험 방법에 대하여 규정한다.

2. 흡수율시험

2-1. 시료채취

시료는 대표적인 것을 채위하여야 하며, 3개 이상의 공시체를 만들 수 있을 정도의 크기를 채취하여야 한다.
석재의 성질상 변화가 있다고 인정될 경우에는, 그 한계를 가릴 수 있을 정도의 시료를 채위하여야 한다.

2-2. 공시체

 공시체는 치수 5-5cm의 입방체, 프리즘, 원주 또는 다른 규칙적인 형태의 것이어야 하며, 표면적에 대해 체적의 비율이 0.8~1.4인 것이어야 한다. 모든 표면은 톱질한 표면이나 코아로 채취한 표면 정도로 편편해야 하며, 이보다 거치른 표면은 연마분으로 손질해야 한다.
 끌이나 이와 유사한 기구를 사용하여 손질해서는 안된다.
 시료마다 3개 이상의 공시체를 만들어야 한다.

2-3. 시험방법

 1) 공시체를 통기장치가 된 건조기 속에서 105±2'의 온도로 24시간 동안 건조시켜야 한다.
 2) 건조 후 공시체를 실내에서 30분간 식힌 후 단다. 공시체를 식힌 후 즉시 달수 없을 때는 데시케이터 속에 저장해야 한다.
 무게는 0.1g의 정밀도로 달아야 한다.
 3) 공시체를 20±5의 증류수나 여과수 속에서 48시간 동안 침수시킨다. 이 기간이 끝난 후 공시체를 수조에서 동시에 꺼내서 표면을 젖은 헝겊으로 닦아 내고 0.1g의 정밀도로 달아야 한다.

2-4. 계산 및 기록

 1) 각 공시체의 흡수율은 다음 식에 따라 계산한다.

$$흡수율(\%) = (B-A)/A \times 100$$

　　　　　A: 건조 공시체의 무게(g)
　　　　　B: 침수후 공시체의 무게(g)

 2) 시료의 흡수율은 한 벌의 공시체의 평균치로 기록한다.
 이때, 최고 및 최저치로 기록해 두어야 한다.

3. 비중시험

3-1. 공시체

공시체(')는 2-1 및 2-2에 따라야 한다.
주(') 흡수율시험에 사용하였던 공시체를 사용하여도 좋다.

3-2. 시험방법

1) 흡수율 시험에 사용하였던 공시체를 비중시험에 사용할 경우에는 흡수율 시험을 끝낸 직후 포화된 공시체를 온도 20±5'의 여과수나 증류수 속에 매달고 0.1g의 정밀도로 달아야 한다. 수중에서 공시체를 달아야 하는데는 바스켓이나 그림과 같은 기구가 좋다.

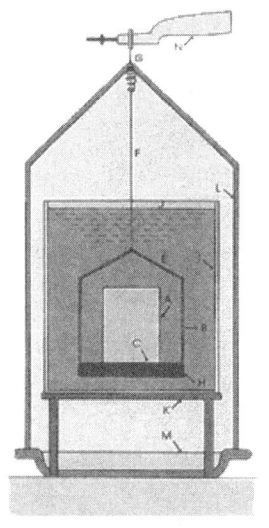

A : 공시체
B : 바스켓
C : 황동환
D : 황동선바스켓밑면(모든 조인트를 땜질한 것)
E : 황동선 손잡이
F : 황동선으로 웜 매다는 줄
G : 저울걸이
H : 바스켓 앞단면
I : 물병
J : 수면
K : 물병지지대
L : 저울접시달기
M : 저울접시
N : 저울대

그림. 비중시험장치

바스켓의 무게는 공시체와 무게를 측정하였을 때의 깊이로 넣어 달아야 한다. 이때, 공시체나 바스켓에 붙은 기포를 달기전에 제거하여야 하난. 공시체의 수중 중량은 공시체와 바스켓이 합쳐진 무게에서 바스켓의 무게를 감하여 구한다.

2) 부중 시험에 흡수율 시험에 사용한 공시체가 아닌 다른 공시체를 사용할 경우에는 건조중량을 2-3의 1),2)에 따라 달아야 한다.

공시체를 온도 20±5로 유지된 여과수나 증류수 속에 기포가 생기지 않을 때까지 1시간 이상 침수 시킨다. 공시체를 2-3의 3)에 따라 달은후 수조에 넣는다. 공시체의 수중 무게는 수중에서 5분 이내에 달아야 한다.

3-3. 계산

1) 표면 건조포화상태의 비중은 다음 식에 따라 계산한다.

$$\text{표면 건조포화상태의 비중} = A/(B-C)$$

  A : 공시체의 건조무게(g)
  B : 공시체의 침수 후 표면건조 포화상태의 공시체의 무게(g) 시체의 무게(g)
  C : 공시체의 수중 무게(g)

2) 계산 결과는 공시체의 평균값으로 하며, 결과는 0.01g의 정밀도로 구해야 한다. 이때 최고 및 최저값도 기록해 두어야 한다.

석재의 압축 강도 시험 방법

Testing method for compressive strength of natural building stone
(KSF 2519-2000)

1. 적용범위

이 규격은 천연산 석재의 압축강도 시험방법에 대하여 규정한다.

2. 인용규격

다음에 나타내는 규격은 이 규격에 인용됨으로써 이 규격의 규정 일부를 구성한다. 이러한 인용 규격은 그 최신판을 적용한다.
KSF2405 콘크리트의 압축 강도 시험 방법

3. 시료채취

시료는 석재의 종류에 따라서 대표적인 것을 채취하여야 하며, 시험에 필요한 공시체를 충분히 만들 수 있을 정도의 크기로 재취하여야 한다.

또한 시료에 알아차릴 수 있을 정도의 변화가 있는 경우에는 그 변화를 검토할 수 있을 정도의 충분한 시료를 채취하여야 한다.

4. 시험기구

시험기는 KSF2405에서 규정한 것이어야 한다.

5. 공시체

5.1 공시체는 톱이나 코어 드릴을 사용하여 직육면체, 사각기둥형 또는 원주형으로 만들어야 하며, 공시체의 지름 또는 가로 방향 치수(서로 맞대는 수직면 사이의 거리)는 5.0cm(1) 이상이 되어야 하며, 높이(2)가 지름 또는 가로 방향 치수보다 작아서는 안 된다. 공시체는 각 시험 조건마다 5개 이상이어야 한다.

만일, 시료를 습윤 및 건조 상태에서 결 (bed 또는 rift)에 대하여 수직 방향으로만 시험할 경우에는 10개 이상의 공시체가 필요하며, 수직 및 평행의 두 방향으로 시험할 경우에는 20개 이상이 필요하다.

주(1) 화강암과 같이 입자가 굵은 재료에 대해서는 6.5cm 이상이어야 한다.
주(2) 공시체의 높이는 하중 지지면 사이의 거리를 말한다.

5.2 공시체의 하중 지지면은 잘 갈아서 평형하게 되도록 해야 하며, 지지면을 잘 간 후에는 그 공시체에 하중 지지면과 결의 방향을 표시해야 한다.

5.3 공시체의 하중 지지 면적은 하중 지지 표면의 중앙부로 하며 공시체의 치수는 0.5mm, 하중 지지 면적은 0.25cm²의 정밀도로 측정하고 계산하여야 한다.

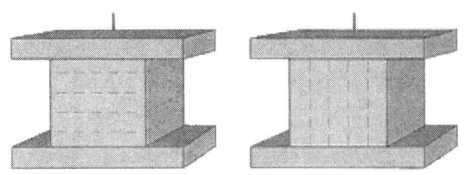

그림 1 결에 따라 하중을 가하는 방법

(1) 결에 수직하게 하중을 가할 때
(2) 결에 평행하게 하중을 가할 때
   (점선은 결의 방향, 화살표는 하중방향을 표시한다)

6. 시험조건

6.1 건조 상태에서 시험할 공시체는 60±2℃의 온도에서 48시간 동안 건조시켜야 한다. 46시간, 47시간 및 48시간째에서 공시체의 무게는 동일한 무게를 유지해야 한다. 만약 무게가 변한다면 계속해서 3시간 동안 동일한 무게를 유지할 때까지 공시체를 건조시켜야 한다.

오븐에서 공시체를 꺼내어 시험 전까지 데시케이터 안에서 실내 온도를 식혀야 한다.

6.2 습윤 상태에서 시험할 공시체는 22±2℃의 수중에 48시간 담가 놓았다가 수조에서 꺼낸 즉시 표면수를 닦고 시험해야 한다.

7. 시험방법

시료를 시험기의 중앙에 놓고 시료 위에 접촉판을 손으로 종정할 수 있을 정도의 비율로 초기 하중을 가한다. 구형의 블록을 적절하게 앉힌 작은 하중하에서 접촉판을 30 각도로 앞뒤로 회전시로 매초 약 1MPa(=N/㎟)의 하중을 일정하게 가한다.

8. 계 산

8.1 공시체의 압축강도는 다음식에 따라 계산한다.

$$C = W/A$$

C = 공시체의 압축강도 MPa(=N/mm²)
W = 공시체의 파괴하중(N)
A = 공시체의 하중지지면(mm²)
시험치는 1MPa(=N/mm²)의 정밀도로 구해야 한다.

8.2 지름(도는 횡방향 치수)에 대한 높이의 비율이 25% 이상 차이가 날 경우에는 그 시험치를 다음 식에 따라 환산한다.

$$Cc = Cp/(0.778+0.222(b/h))$$

Cc = 등가 입방 공시체의 압축강도 MPa(=N/mm²)
Cp = 지름 또는 횡방향 치수보다 큰 높이를 가진 공시체의 압축강도 MPa
    (=N/mm²)
b = 지름 또는 횡방향 치수(mm)
h = 높이(mm)

9. 기 록

9.1 그림 1의 (1)과 같이 하중을 가한 공시체의 압축 강도 평균값은 결에 수직한 방향의 압축 강도로 기록하고, (2)와 같이 하중을 가한 공시체의 압축 강도 평균값은 결에 평행한방향의 압축 강도로 기록한다.

9.2 시험 결과에는 다음이 것을 기록하여야 한다.
a) 산지의 지명과 위치
b) 시료 체취 위치
c) 시료 체취일

d) 암석의 등급 및 상호명
e) 시험에 사용된 공시체의 크기와 형태
f) 공시체를 준비한 방법에 대한 설명서

각 품목별 기본규격

Standard Size

※ 근거 : 석제품 단체표준(공업진흥청고시 28430-14529호)(1994.11.9)

1. 경계석

(단위:mm)

호 칭	치 수				비 고
	넓 이	두 께	모서리접기	길 이	
보차도경계석 (직선, 곡선)	250	250	10	1,000	
	250	300	10	1,000	
	200	250	10	1,000	
	200	300	10	1,000	
	180	200	10	1,000	
도로경계석 (직선, 곡선)	150	150		1,000	
	120	150		1,000	
	100	100		1,000	곡선없음
가로수분경계석	150	150		1,460	ㄷ형 경계석
	150	150		980	

2. 계단석

(단위:mm)

호 칭	치 수				비 고
	넓 이	두 께	모서리접기	길 이	
옥계단 평계단 A형 평계단 B형 조립계단	300	150	10	1,000	
	330	150	10	1,000	
	350	150	10	1,000	
	400	150	10	1,000	
	450	150	10	1,000	
	500	150	10	1,000	
	300	180	10	1,000	
	330	180	10	1,000	
	350	180	10	1,000	
	400	180	10	1,000	
	450	180	10	1,000	
	500	180	10	1,000	

※ 위계단석의 규격은 기본 규격이며, 옥계단, 평계단 A형, 평계단 B형
 (일명: 가보짜 계단) 조립계단의 기본 규격도 동일함

3. 보도판석

(단위:mm)

호 칭	치 수				비 고
	넓 이	두 께	모서리접기	길 이	
보도판석	150	30 40 50 60		150	
	200			200	
	300			300	
	400			400	
	450			450	
	600			600	
보도판석 (면접기 가공)	150	30 48 58 68	8(사방)	150	
	200		8(사방)	200	
	300		8(사방)	300	
	400		8(사방)	400	
	4508		8(사방)	450	
	6008		8(사방)	600	

4. 판 석

(단위:mm)

호 칭	치 수			비 고
	넓 이	두 께	길 이	
판 석	300	20 24 30 40 50	300	
	300		600	
	400		400	
	400		800	
	450		450	
	500		500	
	500		800	
	600		600	
	600		900	
	600		1,200	
	800		1,40	

5. 걸레받이

(단위:mm)

호 칭	치 수		
	넓 이	두 께	길 이
걸레받이	120	20~24	1,000
	150		1,000
	170		1,000
	200		1,000

석재블록 (자연석 경계석) 규격서

1. 적용범위 및 분류

1.1 적용범위

이 규격은 「중소기업자간 경쟁제품 직접생산확인기준」에 의한 자연산석재로 제조한 경계석에 대하여 적용한다.

1.2 분류

물품분류번호	분류명	세부분류명	단위	인도조건
30131503	석재블록	① 보차도경계석	개	납품장소 하차도
		② 횡단보도경계석		
		③ 도로경계석		
		④ 미끄럼방지보차도경계석		
		⑤ 미끄럼방지횡단보도경계석		
		⑥ 미끄럼방지도로경계석		
		⑦ 급경사형보차도경계석		
		⑧ 급경사형횡단보도경계석		
		⑨ 미끄럼방지급경사형보차도경계석		

	⑩ 미끄럼방지급경사형횡단보도경계석		
	⑪ 자전거도로경계석		
	⑫ 녹지경계석		
	⑬ 빗물받이경계석		

2. 적용자료 및 문서

다음에 나타내는 표준은 이 규격에 인용됨으로써 이 규격의 규정 일부를 구성한다. 이러한 인용 표준은 그 최신판을 적용한다.

- KS F 2375 노면의 미끄럼저항성 시험방법
- KS F 2518 석재의 흡수율 및 비중 시험방법
- KS F 2519 석재의 압축강도 시험방법
- KS F 2530 석재

3. 필요조건

3.1 재료

경계석은 국내산 원석을 사용하여야 한다.

3.2 종류

경계석은 다음과 같이 구분한다.

3.2.1 사용용도

1) 보차도경계석(빗물받이 경계석 포함)
2) 횡단보도경계석
3) 도로경계석
4) 자전거도로경계석
5) 녹지경계석

3.2.2 형태

1) 직사각형 형태의 보차도경계석(빗물받이 경계석 포함), 횡단보도경계석, 도로경계석 및 녹지경계석
2) 급경사형 형태의 보차도경계석 및 횡단보도경계석
3) 윗면 양쪽 모서리접기 형태의 자전거도로경계석

3.2.3 미끄럼저항

1) 일반형 보차도경계석(빗물받이 경계석 포함), 횡단보도경계석, 도로 경계석 및 자전거도로경계석
2) 미끄럼방지형 보차도경계석, 횡단보도경계석, 도로경계석 및 녹지경계석

3.3 모양 및 치수

구분	호칭	치수(단위: mm)			
		폭	높이	길이	모서리 접기
수직형 II (직사각형)	보차도경계석	250	300	1,000	10R 또는 30R
		200	300		
		200	250		
		200	200		
		180	250		
		180	200		

	횡단보도경계석	250	300/100	
		200	300/100	
		200	250/100	
		200	200/100	
		180	250/100	
		180	200/100	
		250	100	
		200	100	
		180	100	
	횡단보도경계석 (2단 직선경사)	200	300/200	30R
		200	200/100	
		200	250/175	
		200	175/100	
		180	200/150	
		180	150/100	
	도로경계석	150	150	10R 또는 없음
		120	150	
		120	120	
		100	100	
수직형 I (급경사형)	보차도경계석	250(220+30)	300	10R
		200(170+30)	300	
		200(175+25)	250	
		200(180+20)	200	
		180(160+20)	200	
	횡단보도경계석	250(220+30)	300/100	
		200(170+30)	300/100	

		200(175+25)	250/100		
		200(180+20)	200/100		
		180(160+20)	200/100		
특수형	자전거도로경계석	180	200		양쪽 30R
		200	250		
		200	300		
	녹지경계석	150	150	150	없음
	빗물받이경계석	250	300	1,000	30R
		200	300		
		200	250		
		180	200		

* 허용공차: 폭 ±2, 높이 ±2, 길이 ±3
※ 1. 각각의 치수에는 직선과 곡선을 적용한다.
   2. 급경사형의 앞면 기울기는 80° ~ 85° 범위에 있어야 한다.

3.4 제조방법

3.4.1 전면 및 윗면의 처리
1) 전면 및 윗면의 기계켜기한 부분에 자국 및 결점 등이 있을 때에는 제거하고 무광 본갈기를 한다.
2) 미끄럼방지제품은 윗면에 마찰력 40BPN 이상이 확보되도록 표면 마감을 하여야 한다.

3.4.2 양모서리의 처리
경계석과 경계석의 접속부위를 벌어지지 않고 균일하게 접속되도록 기계켜기 한다.

3.4.3 모서리 접기 (모서리 접기 제품에 한함)
경계석의 모서리 부분은 차도 및 자전거도로 쪽을 무광 본갈기로 곡면형태의 모서리 접기 (R=10 또는 R=30)한다.

3.4.4 아랫면 뒷면의 처리

제조자가 기계켜기 또는 정다듬으로 마무리 처리한다.

3.5 성능

3.5.1 겉모양

경계석의 겉모양에는 구부러짐, 균열, 썩음, 빠진 조각, 오목 등이 사용에 지장이 있을 정도로 함유되어서는 안 된다.

3.5.2 성능

경계석은 KS F 2530에서 규정한 2등품 이상으로 다음의 규정에 적합하여야 한다.

구분	압축강도 MPa(N/㎟)	흡수율(%)	비중(g/㎤)	미끄럼저항(BPN)
기준	80 이상	3 미만	2.5 이상	40 이상
시험방법	KS F 2519	KS F 2518		KS F 2375

※ 석재의 흡수율이 높거나 기타 함유물로 인하여 경계석을 설치 후 본래의 색상이 변할 가능성이 있는 석재는 사용하여서는 안 된다.

4. 검사 및 시험

검사는 겉모양, 치수 및 치수의 허용차, 압축강도, 흡수율 및 비중, 미끄럼저항에 대해 실시한다.

4.1 겉모양, 치수 등의 검사

검사는 전문검사기관에서 전 시험항목(겉모양 및 치수포함)을 검사하여 규정된 기준에 적합하면 합격으로 한다.

단 미끄럼저항에 대한 검사는 미끄럼방지제품에만 적용한다.

4.2 석면함유에 따른 물품교체

납품 후 석면함유가 발견되어 수요기관의 교체요구가 있을 경우, 계약자의 부담으로 석면함유 경계석 전량을 교체 및 시공하여야 한다.

5. 포장 및 표시

5.1 포장

수요자의 요청에 따른다.

5.2 표시

제품 및 납품서에는 다음 사항을 표시해야 한다.

1) 경계석의 종류 또는 치수
2) 제조업체명
3) 원석의 산지 및 석종

참고문헌

- 석공사 가이드, 대한전문건설협회 석공사업협의회, 1997.8.
- 석공사 실무기초, 민병태, 한국석재신문사/ 도서출판 도올, 2006.8.
- 석재공사의 실제, 도서출판 효성
- 석재응용의 이론과 실무, 이동수, 한불문화출판
- 한국석재산업총람, 한국석재신문사
- STONE WORK(석공), 대한전문건설협회 석공사업협의회
- 건축재료, 최준오, 임병훈, 도서출판 서우, 2001
- 건축적산, 최준오, 도서출판 서우, 2008
- 건축시공, 김창훈, 최준오 외, 기문당, 2006
- 국토교통부 홈페이지
- 한국석재공업협동조합 홈페이지
- 삼지석재공업(주) 홈페이지
- (주)대동석재공업 홈페이지
- 한국직업능력개발원 홈페이지

■ 저자 약력

최 준 오

- 경동고등학교 졸업(31회)
- 한양대학교 건축공학과 졸업(28회)
- 국민대 대학원 건축학과(건축학 박사)
- 명예 철학박사(Kazakh State National University)
    (주)공간 종합건축사 사무소, 진흥기업(주) 근무
    (주)준석건축 대표이사
    경민대학 건축과 겸임교수
    인덕대학 건축과 강사
    국민대학교 건축학과 강사
    모스크바 대학교 객원교수(한국학 국제학술센터)
    서울장로회신학교 강사(교회건축)
    경원대학교 대학원 강사(실내설계 전공)
    홍익대학교 건축도시대학원 강사(실내설계 전공)
- 현재 : 신안산대학교 건축과 교수
    대한전문건설협회 석공사업협의회 기술자문위원, 전문건설공제조합 기술자문위원

석공사 입문

2019년 2월 15일 인쇄
2019년 2월 25일 발행

저　자 : 최 준 오
펴낸이 : 이 석 환
펴낸곳 : 도서출판 서우
등　록 : 제8-159호
주　소 : 서울시 은평구 대조동 188-8
전　화 : (02)383-1696, 1697
팩　스 : (02)387-9578
　　　　ISBN 978-89-97153-35-0　93540

값 20,000원

■ 신저작권법에 의한 한국에서 보호를 받는 저작물이므로
　무단전재와 복제를 금합니다.